JN281923

穴埋め式 確率・統計 らくらくワークブック

藤田岳彦・
高岡浩一郎 著

講談社サイエンティフィク

序文——手を動かしてみよう

　大学1，2年次で学ぶ数学は，普通「微分積分」，「線形代数」，経済・商学などの社会科学系では，さらに「確率」，「統計」である．

　数学は，大学の授業を聞いたり，教科書を漫然と読んでいるだけでは，なかなか身につかない．日本の場合，大学教育では，諸外国に比べて演習の時間が少ない．そこで，授業だけでなく自習学習が必要になる．問題を解いて，自分が理解しているかどうかを確かめるというやり方が最もよいと思われる．

　ところが，それに気づいたとしても，何からはじめたらよいのかわからないかもしれないし，演習書を選ぶにしても，何を選び，どう手をつけていいのかわからないかもしれない．そこで，「とりあえず」と，はじめやすい問題集があるとよいのではないか．

　エンピツを持って，自分で手を動かし書き込む．演習不足を補おうというものである．

　数学については，いくら理論を自分でわかったつもりになっていても，自分の手を動かすことができなければ，仕方がないし，意味がない．逆に，問題を見て，手を動かし，答えをあわせ，修正をするということを繰り返していけば，必ずわかってくるものであるとも言えるのだ．

　このような発想のもと，このたび，「微分積分」，「線形代数」，「確率・統計」，「統計数理」のワークブックが企画された．

　作り手側としては，まず，「定義と公式」のところで，公式を理解し（場合によっては，授業で使っている教科書や参考書で，その意味や意義，証明の復習を行い），「公式の使い方（例）」となっている例題を理解する．次に本当に理解したかどうかを穴埋め式になっている「やってみましょう」で確かめて，さらに各章の練習問題に取り組む．それができるようになれば，十分にその科目を理解し，使いこなせるようになったと実感ができるはず…という意図をもって，各章をこの構成で組み立てた．もちろん，本の読み方が読者の自由であるように，このワークブックも使い手の自由に使ってもらってかまわない．たとえば，全体をざっと見通すために，「公式の使い方（例）」「やってみましょう」だけを一通りやった後，自分の必要に応じた分だけ，練習問題をやるなど，やり方はいろいろあると思う．

　この「確率・統計」のワークブックは，一橋大学の「確率」「基礎金融工学」での題材をもとに，より広い読者の必要を満たすよう工夫しながら構成されている．

　前半部分では，確率変数，確率分布，期待値，分散，共分散など，確率の基礎について，中程では，2項分布，幾何分布，ポアソン分布，一様分布，指数分布，正規分布，ガンマ分布，ベータ分布など，重要な分布の定義とその性質について，後半では，多次元正規分布，モーメント母関数，中心極限定理，条件つき期待値など，確率論で重要な事項について述べた．
また，「統計数理」のワークブック（初等的な統計学で学ぶことを扱ったもの）で扱うことができなかった数理統計学（不偏推定量，最尤推定量，有効推定量）の演習を追加しておいた．徹

底的に手を動かして計算をしようというのが，本書の特徴でもあるから，微分積分の基本的な知識を前提とし，その応用として確率に関する計算を繰り返し行う箇所をいくつも用意した．場合によっては，必要な微分積分の公式だけを横に記したりもしたので，自分の微分積分の知識も確認しながら，繰り返して練習をしてほしい．最後の方には，やりがいのある問題も若干収録した．ぜひがんばって，最後までやり通してほしいと思う．

　このワークブックは初等的な確率論で勉強する内容をほぼカバーしていて，少しだけではあるが，発展的な内容にまでふみこんでいる．将来，数理統計，数理ファイナンスを専攻しようとしている学生や，アクチュアリ試験対策によい演習書を探している人にも有用なように配慮してある．確率論全般の学習にはもちろん，大学の授業で理解できなかった内容，難しいと感じている内容，現実に確率論の知識を使いたいと思っている問題を集中的に勉強することにも役立つだろう．

　このワークブックを通じて，確率論の考え方になじみ，そのおもしろさと有用性を理解してもらえれば幸いである．

　　2003 年夏 国立にて

藤 田 岳 彦
高 岡 浩 一 郎

目次

序文——手を動かしてみよう　　iii

1　事象と確率　　1

2　確率変数と確率分布　　7

3　期待値と分散　　13

4　共分散と相関係数　　21

5　ベルヌーイ分布と2項分布　　27

6　幾何分布と負の2項分布　　31

7　ポアソン分布　　37

8　1次元連続確率変数　　43

9　一様分布　　57

10　指数分布　　63

11　正規分布　　67

12　ガンマ分布，ベータ分布　　73

13　多次元連続確率変数　　81

14　和・差・積・商の確率分布と確率変数の変数変換　　97

15　確率母関数，モーメント母関数　　107

16	多次元正規分布と多項分布	115
17	大数の法則，中心極限定理	123
18	確率に現れる不等式	129
19	条件つき期待値	135
20	推定量，不偏推定量，最尤推定量，有効推定量	149
21	総合問題	161
数表	標準正規分布	167
索引		168

1 事象と確率

定義と公式

基本的な用語

実験や試行の結果がどのようになるかは前もってわからないものの，起こり得るすべての結果（シナリオ）は前もって想定できるという状況を考えましょう．このとき，起こり得るすべてのシナリオの集合を**標本空間**といいます．Ω（オメガ）という記号で記すことが多いです．この章では Ω は有限集合，つまり起こり得るシナリオの数は有限個しかない状況を考えます．たとえば，サイコロを1回投げるときの出目を考える場合は標本空間は $\Omega = \{1, 2, 3, 4, 5, 6\}$ という6つの元（シナリオ）からなる集合です．

標本空間の部分集合を**事象**といいます．たとえば上の例において「奇数の目が出る事象」は $\{1, 3, 5\}$ という集合のことを指します．また事象 A が起こる**確率**を $P(A)$ と記します．確率は

1. $0 \leq P(A) \leq 1$
2. $P(\Omega) = 1$ つまり全事象の確率は 1
3. 事象 A と B が $A \cap B = \emptyset$ を満たすとき（「事象間の演算」の用語を使うと「互いに排反のとき」），

$$P(A \cup B) = P(A) + P(B)$$

が成り立つという性質をもちます．

事象間の演算

事象 A の補集合 A^c は「A が起こらない」ことに対応し，A の**余事象**と呼ばれます．また同じ標本空間の2つの事象 A と B に対し

1. $A \cup B$ は「A と B のうち少なくともいずれか一方が起こる」ことに対応し，A と B の**和事象**と呼ばれます．
2. $A \cap B$ は「A と B が共に起こる」ことに対応し，A と B の**積事象**と呼ばれます．また，$A \cap B = \emptyset$ つまり積事象が空集合のとき（すなわち，A と B が同時に起こることはないとき），「A と B は互いに**排反**である」といいます．
3. $P(A \cap B) = P(A)P(B)$ が成り立つとき，「A と B は互いに**独立**である」といいます．
4. $P(B) > 0$ のとき，「事象 B が起こったという条件の下で事象 A が起こる確率（**条件つき確率**）」を

$$P(A|B)=\frac{P(A\cap B)}{P(B)}$$

によって定義します．

$$P(A|B)=P(A) \iff A と B は互いに独立$$

が成立します．

公式の使い方（例）

① 先の例（正しいサイコロを1回振る）において，

(1) サイコロの目が偶数である事象 A と，その確率 $P(A)$ は

$$A=\{2,\ 4,\ 6\},\ P(A)=P(\{2\})+P(\{4\})+P(\{6\})=\frac{1}{6}+\frac{1}{6}+\frac{1}{6}=\frac{1}{2}$$

となります．

(2) サイコロの目が4以下である事象 B とその確率 $P(B)$ は，

$$B=\{1,\ 2,\ 3,\ 4\},\ P(B)=P(\{1\})+P(\{2\})+P(\{3\})+P(\{4\})=\frac{2}{3}$$

となります．

(3) $A\cap B$ および，その確率 $P(A\cap B)$ は，

$$A\cap B=\{2,\ 4\},\quad P(A\cap B)=\frac{2}{6}=\frac{1}{3}$$

となります．

(4) $A\cup B$ およびその確率 $P(A\cup B)$ は

$$A\cup B=\{1,\ 2,\ 3,\ 4,\ 6\},\ P(A\cup B)=\frac{5}{6}$$

また，

$$P(A)+P(B)-P(A\cap B)=\frac{3}{6}+\frac{4}{6}-\frac{2}{6}=\frac{5}{6}$$

なので，

$$P(A\cup B)=P(A)+P(B)-P(A\cap B)$$

も成り立ちます（実はこの等式は一般的に成立します）．

(5) A と B は

$$P(A\cap B)=\frac{1}{3}, \quad P(A)\cdot P(B)=\frac{1}{2}\cdot\frac{2}{3}=\frac{1}{3}$$

なので，独立です．

やってみましょう

① 先の例（正しいサイコロを1回振る）を考えます．ただし 事象 A, B は，「公式の使い方（例）」のものとします．

(1) サイコロの目が素数である事象 C と，その確率 $P(C)$ を求めましょう．
素数に1は入らないことに注意して，

$C=$ 󠀠

$P(C)=P(\quad)+P(\quad)+P(\quad)=\boxed{}+\boxed{}+\boxed{}=\boxed{}$

(2) $B\cap C$ およびその確率 $P(B\cap C)$ を求めましょう．

$B\cap C=$ 󠀠

$P(B\cap C)=\dfrac{\boxed{}}{6}=\boxed{}$

となります．

(3) $A\cup B\cup C$ およびその確率 $P(A\cup B\cup C)$ を求めましょう．また，
$P(A\cup B\cup C)=P(A)+P(B)+P(C)-P(A\cap B)-P(B\cap C)-P(C\cap A)+P(A\cap B\cap C)$
を確かめてみましょう．

$A\cup B\cup C=$ 󠀠

よって

$P(A\cup B\cup C)=\boxed{}$

$P(A)+P(B)+P(C)-P(A\cap B)-P(B\cap C)-P(C\cap A)+P(A\cap B\cap C)$

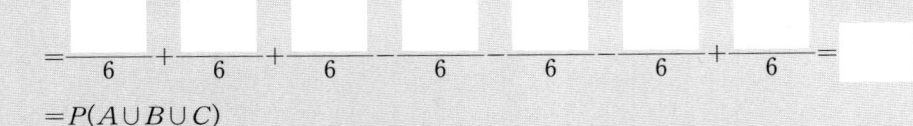

$$= \frac{\boxed{}}{6} + \frac{\boxed{}}{6} + \frac{\boxed{}}{6} - \frac{\boxed{}}{6} - \frac{\boxed{}}{6} - \frac{\boxed{}}{6} + \frac{\boxed{}}{6} = \boxed{}$$
$$= P(A \cup B \cup C)$$

(4) A と C は独立でしょうか．また B と C は独立でしょうか．

$$P(A \cap C) = \boxed{}$$

$$P(A)P(C) = \boxed{} \cdot \boxed{} = \boxed{}$$

なので，A, C は独立ではありません．

$$P(B)P(C) = \boxed{} \cdot \boxed{} = \boxed{} = P(B \cap C)$$

ですから，B, C は独立です．

> もちろん，3つの事象 A, B, C は独立ではありません．
>
> 3つの事象 A, B, C が独立であるとは，$P(A \cap B) = P(A)P(B)$, $P(B \cap C) = P(B)P(C)$, $P(C \cap A) = P(C)P(A)$, $P(A \cap B \cap C) = P(A)P(B)P(C)$ が満たされているときです．

② A, B, C を事象とします．次の事象を式で表してみましょう．

(1) 「A だけが起こる」

A が起きて，B, C は起きないのですから，A, B の余事象，C の余事象の積になります．つまり，

$$A \cap \boxed{} \cap \boxed{}$$

です．

(2) 「A, B, C のうちの少なくとも2つが起こる」

「A と B が起きる」，「B と C が起きる」，「C と A が起きる」の和になります．3つが同時に起きてもいいので，単純に和事象を考えます．

$$(A \cap B) \cup \boxed{} \cup \boxed{}$$

(3) 「多くとも2つしか起こらない」

これは，余事象を考えたほうがいいでしょう．この事象の余事象は「3つが起きる」です．ですから，

$$\boxed{}^c$$

練習問題

① 正しいサイコロを 2 回投げるとき，以下の問に答えよ．
(1) 標本空間 Ω は何か．
(2) サイコロの目の和が 3 の倍数である事象 A と，その確率 $P(A)$ を求めよ．
(3) サイコロの目の和が 5 以下である事象 B と，その確率 $P(B)$ を求めよ．
(4) サイコロの目の積が 6 である事象 C と，その確率 $P(C)$ を求めよ．
(5) 「1 回目のサイコロの目 $> 2 \times$ (2 回目のサイコロの目) $+1$」である事象 D と，その確率 $P(D)$ を求めよ．
(6) $A \cap B$ およびその確率 $P(A \cap B)$ を求めよ．
(7) $A \cup B \cup C$ およびその確率 $P(A \cup B \cup C)$ を求めよ．また $P(A \cup B \cup C) = P(A) + P(B) + P(C) - P(A \cap B) - P(B \cap C) - P(C \cap A) + P(A \cap B \cap C)$ を確かめよ．

② A, B, C を事象とする．ただし，A と C は排反，B と C は独立とし，$A \cup C = \Omega =$ (全事象) とする．$P(A) = \frac{1}{3}$, $P(B) = \frac{1}{2}$ とするとき，以下を計算せよ．
(1) $P(C)$, (2) $P(B \cap C)$, (3) $P(B \cup C)$, (4) $P(A \cup B)$

③ A と B は互いに独立な事象とする．このとき，A^c と B^c も互いに独立であることを示せ．

④ A, B, C は互いに独立な事象とする．$P(A) = P(B) = P(C) = \frac{2}{3}$ のとき，$P(A \cup B)$, $P(A \cup B \cup C)$, $P(C \cap (A \cap B)^c)$ をそれぞれ計算せよ．

答え

やってみましょうの答え

① (1) $C = \boxed{\{2, 3, 5\}}$, $P(C) = P(\boxed{\{2\}}) + P(\boxed{\{3\}}) + P(\boxed{\{5\}}) = \boxed{\frac{1}{6}} + \boxed{\frac{1}{6}} + \boxed{\frac{1}{6}} = \boxed{\frac{1}{2}}$

(2) $B \cap C = \boxed{\{2, 3\}}$, $P(B \cap C) = \boxed{\frac{2}{6}} = \boxed{\frac{1}{3}}$

(3) $A \cup B \cup C = \boxed{\{1, 2, 3, 4, 5, 6\}} = \Omega$
$P(A \cup B \cup C) = \boxed{1}$, $P(A) + P(B) + P(C) - P(A \cap B) - P(B \cap C) - P(C \cap A) + P(A \cap B \cap C)$
$= \boxed{\frac{3}{6}} + \boxed{\frac{4}{6}} + \boxed{\frac{3}{6}} - \boxed{\frac{2}{6}} - \boxed{\frac{2}{6}} - \boxed{\frac{1}{6}} + \boxed{\frac{1}{6}} = \boxed{1}$

(4) $P(A \cap C) = \boxed{\frac{1}{6}}$, $P(A) \cdot P(C) = \boxed{\frac{1}{2}} \cdot \boxed{\frac{1}{2}} = \boxed{\frac{1}{4}}$, $P(B) P(C) = \boxed{\frac{4}{6}} \cdot \boxed{\frac{3}{6}} = \boxed{\frac{1}{3}} = P(B \cap C)$

② (1) $A \cap \boxed{B^c} \cap \boxed{C^c}$ (2) $(A \cap B) \cup \boxed{(B \cap C)} \cup \boxed{(C \cap A)}$ (3) $\boxed{(A \cap B \cap C)}^c$

練習問題の答え

① (1) $\Omega = \{(i, j) | i = 1, 2, \cdots, 6, j = 1, 2, \cdots, 6\}$,

(2) $A = \{(1, 2), (2, 1), (1, 5), (2, 4), (3, 3), (4, 2), (5, 1), (3, 6), (4, 5), (5, 4),$
$(6, 3), (6, 6)\}$, $P(A) = \dfrac{1}{3}$

(3) $B = \{(1, 1), (1, 2), (1, 3), (1, 4), (2, 1), (2, 2), (2, 3), (3, 1), (3, 2), (4, 1)\}$,
$P(B) = \dfrac{5}{18}$ (4) $C = \{(1, 6), (2, 3), (3, 2), (6, 1)\}$, $P(C) = \dfrac{1}{9}$

(5) $D = \{(4, 1), (5, 1), (6, 1), (6, 2)\}$, $P(D) = \dfrac{1}{9}$

(6) $A \cap B = \{(1, 2), (2, 1)\}$, $P(A \cap B) = \dfrac{1}{18}$ (7) $P(A \cup B \cup C) = \dfrac{11}{18}$

② (1) $P(C) = 1 - P(A) = \dfrac{2}{3}$ (2) $P(B \cap C) = P(B)P(C) = \dfrac{1}{3}$ (3) $P(B \cup C) = P(B)$
$+ P(C) - P(B \cap C) = \dfrac{5}{6}$ (4) $P(A \cup B) = P(A) + P(B) - P(A \cap B) = \dfrac{1}{3} + \dfrac{1}{2} - \dfrac{1}{3} \cdot \dfrac{1}{2} = \dfrac{2}{3}$
(∵ B と C が独立なら，B と $C^c = A$ も独立になる．次の問題も参照のこと)

③ $P(A^c \cap B^c) = P\{(A \cup B)^c\} = 1 - P(A \cup B) = 1 - \{P(A) + P(B) - P(A \cap B)\}$
$= 1 - \{P(A) + P(B) - P(A)P(B)\} = \{1 - P(A)\}\{1 - P(B)\} = P(A^c)P(B^c)$

④ $P(A \cup B) = P(A) + P(B) - P(A \cap B) = \dfrac{2}{3} + \dfrac{2}{3} - \left(\dfrac{2}{3}\right)^2 = \dfrac{8}{9}$, $P(A \cup B \cup C) = P(A)$
$+ P(B) + P(C) - P(A \cap B) - P(B \cap C) - P(C \cap A) + P(A \cap B \cap C) = 3 \cdot \dfrac{2}{3} - 3\left(\dfrac{2}{3}\right)^2 + \left(\dfrac{2}{3}\right)^3 = \dfrac{26}{27}$,
$P\{C \cap (A \cap B)^c\} = P\{C \cap (A^c \cup B^c)\} = P\{(C \cap A^c) \cup (C \cap B^c)\} = P(C \cap A^c) + P(C \cap B^c)$
$- P\{(C \cap A^c) \cap (C \cap B^c)\} = P(C)P(A^c) + P(C)P(B^c) - P(C \cap A^c \cap B^c) = \dfrac{2}{3} \cdot \dfrac{1}{3} + \dfrac{2}{3} \cdot \dfrac{1}{3}$
$- \dfrac{2}{3} \cdot \dfrac{1}{3} \cdot \dfrac{1}{3} = \dfrac{10}{27}$

2 確率変数と確率分布

定義と公式

確率変数

X が**確率変数**であるとは，標本空間のそれぞれの元 ω(つまり各シナリオ)に対し実数 $X(\omega)$ を対応させるものです．数学的な用語を用いると「標本空間を定義域とする実数値の関数である」ともいえます．

例1． 正しいコインを1回投げて表が出たら千円もらい裏が出たら千円支払うという賭け事を考えると，$\Omega=\{表，裏\}$ という標本空間上に $X(表)=+1000$, $X(裏)=-1000$，という確率変数を考えていることになります．

例2． 正しいサイコロを1回投げて，目の数の2乗の金額をもらえるという賭け事を考えると，$\Omega=\{1, 2, 3, 4, 5, 6\}$ という標本空間上に $X(\omega)=\omega^2$ という確率変数を考えていることになります．

定数も確率変数の一種です．「すべてのシナリオに同一の値を対応させる関数」とみなせるからです．

x を，確率変数 X がとり得る値の1つとします．$X(\omega)=x$ を満たすシナリオ ω 全体の集合 $A=\{\omega|X(\omega)=x\}$ は1つの事象ですが，この事象の確率 $P(A)$ は「確率変数 X が x という値をとる確率」なので，これを以降では $P(X=x)$ とも記すこととします．このように，確率変数 X の性質とそれを満たすシナリオの集合(=事象)とを同一視するような記号を用いて今後の議論を進めます．

確率分布

確率変数 X のとり得る値と，それぞれの値をとる確率を表にしたものを，確率変数 X の**確率分布**または略して単に**分布**といいます．上の例1の確率変数の分布は

表 2.1 例1の確率変数の分布

X の値	-1000	1000
確率	$\dfrac{1}{2}$	$\dfrac{1}{2}$

です．確率変数を賭け事やくじでもらえる金額だとすると，その確率分布とは「不確実性の源(=標本空間)は考慮せず，もらえる金額とその確率のみに注目したもの」であるといえます．

異なる確率変数が同一の分布をもつこともあり得ます．たとえば上の例1の設定下で，$Y(裏)$

$=+1000$, $Y(表)=-1000$ という確率変数 Y を考えると，Y の確率分布は X のそれと同じになります．この例では X と Y の標本空間は同じですが，異なる標本空間上の2つの確率変数が同一の分布をもつこともあり得ます．たとえば，正しいサイコロを1回投げて，奇数の目が出たら千円もらい偶数の目が出たら千円払うという賭けごとを考えると，上の X や Y と同じ分布をもちます．

2つの確率変数の同時分布と独立性

2つの確率変数 X と Y がとり得る値と，それぞれの値を（同時に）とる確率を表にしたものを，X と Y の**同時分布**といいます．

例3．正しいサイコロを2回投げ，1回目に奇数の目が出たら千円もらい偶数の目が出たら千円払うという確率変数を X，2回目に奇数の目が出たら千円もらい偶数の目が出たら千円払うという確率変数を Y と記すことにしましょう．

$$P(X=-1000,\ Y=-1000)=\frac{1}{4},\qquad P(X=-1000,\ Y=1000)=\frac{1}{4}$$

$$P(X=1000,\ Y=-1000)=\frac{1}{4},\qquad P(X=1000,\ Y=1000)=\frac{1}{4}$$

なので，これを表にした

表2.2　X と Y の同時分布

X \ Y	-1000	1000
-1000	$\frac{1}{4}$	$\frac{1}{4}$
1000	$\frac{1}{4}$	$\frac{1}{4}$

が X と Y の同時分布です．これに対し，X だけの分布を考えた

表2.3　X の周辺分布

X の値	-1000	1000
確率	$\frac{1}{2}$	$\frac{1}{2}$

のことを X の**周辺分布**といいます．同様に Y の周辺分布も考えられます．

なお，この問題の標本空間は $\Omega=\{(1,1),\ (1,2),\ \cdots,\ (6,6)\}$ という36個の元からなる集合ですが，同時分布や周辺分布を考えるときにはもらえる金額とその確率のみに注目すればいいのです．

2つの確率変数 X と Y が**独立**であるとは，X のとり得るすべての値 x と Y のとり得るす

べての値 y に対して

$$P(X=x,\ Y=y)=P(X=x)P(Y=y)$$

が成り立つことをいいます．つまり同時分布が周辺分布の積と等しいことです．たとえば先の例3において X と Y は独立です．

公式の使い方（例）

① 上の例2の確率変数の分布を求めましょう．

表2.4

X の値	1	4	9	16	25	36
確率	$\frac{1}{6}$	$\frac{1}{6}$	$\frac{1}{6}$	$\frac{1}{6}$	$\frac{1}{6}$	$\frac{1}{6}$

② 正しいサイコロを2回投げ，目の数の和の金額をもらえるという賭け事を考えます．この確率変数の分布を求めましょう．

目の数の和ですから，とることのできる値は，2, 3, 4, 5, 6, 7, 8, 9, 10, 11, 12 です．和が2になるのは，1回目，2回目ともに1が出るという1通りの場合だけ，3になるのは，1回目が1で2回目が2の場合か1回目が2で2回目が1の場合の2通り，…と順番に考えれば，

表2.5

X の値	2	3	4	5	6	7	8	9	10	11	12
確率	$\frac{1}{36}$	$\frac{2}{36}$	$\frac{3}{36}$	$\frac{4}{36}$	$\frac{5}{36}$	$\frac{6}{36}$	$\frac{5}{36}$	$\frac{4}{36}$	$\frac{3}{36}$	$\frac{2}{36}$	$\frac{1}{36}$

となります．

> 約分をしないほうが，全確率を足して1になることがわかりやすいと思います．

③ 2つの確率変数 X と Y の同時分布が

表2.6

X \ Y	0	100
10	$\frac{3}{8}$	$\frac{1}{4}$
20	$\frac{1}{4}$	p

であるとき，以下のことを考えましょう．

(1) p の値を考えましょう．

すべての確率を足すと1になることから，

$$\frac{3}{8}+\frac{1}{4}+\frac{1}{4}+p=1$$

これより，p は，$p=\frac{1}{8}$ と計算できます．

(2) X と Y の周辺分布をそれぞれ求めましょう．

$$P(X=10)=P(X=10,\ Y=0)+P(X=10,\ Y=100)=\frac{3}{8}+\frac{1}{4}=\frac{5}{8}$$

$$P(X=20)=P(X=20,\ Y=0)+P(X=20,\ Y=100)=\frac{1}{4}+\frac{1}{8}=\frac{3}{8}$$

ですから，X の周辺分布は，表 2.7 のようになります．

表 2.7

X の値	10	20
確率	$\frac{5}{8}$	$\frac{3}{8}$

次に Y について考えます．

$$P(Y=0)=P(X=10,\ Y=0)+P(X=20,\ Y=0)=\frac{3}{8}+\frac{1}{4}=\frac{5}{8}$$

$$P(Y=100)=P(X=10,\ Y=100)+P(X=20,\ Y=100)=\frac{1}{4}+\frac{1}{8}=\frac{3}{8}$$

ですから，Y の周辺分布は，表 2.8 のようになります．

表 2.8

Y の値	0	100
確率	$\frac{5}{8}$	$\frac{3}{8}$

(3) X と Y とは独立ではありません．たとえば，$X=10$，$Y=0$ で考えた場合に

$$P(X=10,\ Y=0)=\frac{3}{8}$$

ですが，

$$P(X=10)P(Y=0)=\frac{5}{8}\cdot\frac{5}{8}=\frac{25}{64}$$

となり，独立の条件を満たしません．

やってみましょう

① 正しいサイコロを2回投げることに関し，次を考えていきましょう．

目の数の和が4, 5ならば千円もらえ，それ以外は千円払うという賭けごとを考えます．この確率変数の分布を求めてみましょう．

$$P(X=1000)=P(\{(1, 3), (2, 2), \boxed{}\})=\boxed{}$$

また

$$P(X=-1000)=1-P(X=1000)=\boxed{}$$

よって次の表のようになります．

表 2.9

X の値	1000	−1000
確率		

② 正しい硬貨を2回投げて出た表の数だけお金がもらえるとします．この確率変数 Y の確率分布を求めましょう．

$$P(Y=0)=P(\{(裏, 裏)\})=\boxed{}$$

$$P(Y=1)=P(\{\boxed{}\})=\boxed{}$$

$$P(Y=2)=P(\{\boxed{}\})=\boxed{}$$

よって次の表のようになります．

表 2.10

Y の値	0	1	2
確率			

練習問題

① 2つの確率変数 X と Y の同時分布が表 2.11 のようであり，X と Y が独立であるとする．このとき p，q の値を求めよ．

表 2.11

X \ Y	0	100
10	$\frac{3}{8}$	$\frac{1}{4}$
20	p	q

答え

やってみましょうの答え

① $P(X=1000)=P(\{(1,3),(2,2),\boxed{(3,1),(1,4),(2,3),(3,2),(4,1)}\})=\boxed{\dfrac{7}{36}}$

$P(X=-1000)=\boxed{\dfrac{29}{36}}$

表 2.12 表 2.9 の完成版

X の値	1000	-1000
確率	$\dfrac{7}{36}$	$\dfrac{29}{36}$

② $P(Y=0)=\boxed{\dfrac{1}{4}}$, $P(Y=1)=P(\{\boxed{(表, 裏), (裏, 表)}\})=\dfrac{1}{2}$, $P(Y=2)=P(\{\boxed{(表, 表)}\})=\boxed{\dfrac{1}{4}}$

表 2.13 表 2.10 の完成版

Y の値	0	1	2
確率	$\dfrac{1}{4}$	$\dfrac{1}{2}$	$\dfrac{1}{4}$

練習問題の答え

① $P(X=10)=\dfrac{3}{8}+\dfrac{1}{4}=\dfrac{5}{8}$ である．X と Y が独立なので，

$P(X=10, Y=0)=P(X=10)P(Y=0)$．この左辺 $=\dfrac{3}{8}$，右辺 $=\dfrac{5}{8}\cdot P(Y=0)$ より，$P(Y=0)=\dfrac{3}{5}$

$p=P(Y=0)-P(X=10, Y=0)=\dfrac{3}{5}-\dfrac{3}{8}=\dfrac{9}{40}$, $\quad q=1-\dfrac{3}{8}-\dfrac{1}{4}-\dfrac{9}{40}=\dfrac{3}{20}$

3 期待値と分散

定義と公式

期待値

確率変数 X の分布が

表 3.1 X の値と確率

X の値	x_1	x_2	$\cdots$	x_n
確率	p_1	p_2	$\cdots$	p_n

のとき，X の**期待値**を

$$E(X) = \sum_{k=1}^{n} x_k p_k$$

によって定義します．たとえば前章例 1 の確率変数 X の期待値は

$$E(X) = -1000 \cdot \frac{1}{2} + 1000 \cdot \frac{1}{2} = 0$$

です．確率変数を賭けごとやくじでもらえる金額だとすると，期待値はその賭けごとやくじの公正な価格であると解釈できます．

期待値の基本的な性質

1. **期待値の線形性(1)**
   2 つの確率変数 X と Y に対し $E(X+Y) = E(X) + E(Y)$
2. **期待値の線形性(2)**
   a を定数とすると $E(aX) = aE(X)$
3. **定数の期待値**
   a を定数とすると $E(a) = a$
4. **独立性との関連**
   X と Y が独立ならば，$E(XY) = E(X)E(Y)$

分散

確率変数 X のとる値の散らばり具合をみる量として，**分散**を

$$V(X) = E[\{X - E(X)\}^2]$$

によって定義します（$V(X)$ の代わりに $Var(X)$ という記号を用いる文献もあります）．分散の値は必ずゼロ以上です．また，分散の平方根を**標準偏差**と呼びます．

証券投資においては，分散もしくは標準偏差のことを「リスク」や「ボラティリティ」と呼ぶことも多いので，覚えておきましょう．

分散の基本的な性質

1. a と b を定数とすると，$V(aX+b) = a^2 V(X)$
2. a を定数とすると $V(a) = 0$ である．逆に，分散がゼロの確率変数は定数しかない．
3. $V(X) = E(X^2) - \{E(X)\}^2$
4. X と Y が独立ならば，$V(X+Y) = V(X) + V(Y)$

最後の性質は，X と Y が独立でなければ一般には成り立たないことに注意が必要です．これに対して，期待値の $E(X+Y) = E(X) + E(Y)$ という性質は独立性がなくても成立します．

公式の使い方（例）

① サイコロを1回投げるときの目の数の期待値と分散を計算しましょう．目の数を確率変数 X とし，それぞれの確率を添えた確率分布の表を書くと

表3.2 サイコロを1回投げるときの確率分布

X の値	1	2	3	4	5	6
確率	$\frac{1}{6}$	$\frac{1}{6}$	$\frac{1}{6}$	$\frac{1}{6}$	$\frac{1}{6}$	$\frac{1}{6}$

となります．期待値は，

$$\begin{aligned} E(X) &= \sum_{k=1}^{6} x_k p_k \\ &= 1 \times \frac{1}{6} + 2 \times \frac{1}{6} + 3 \times \frac{1}{6} + 4 \times \frac{1}{6} + 5 \times \frac{1}{6} + 6 \times \frac{1}{6} \\ &= \frac{(1+2+3+4+5+6)}{6} = \frac{7}{2} \end{aligned}$$

分散は，

$$\begin{aligned} V(X) &= E[\{X - E(X)\}^2] \\ &= E\left[\left\{X - \frac{7}{2}\right\}^2\right] \\ &= \sum_{k=1}^{6} \left(x_k - \frac{7}{2}\right)^2 p_k \end{aligned}$$

$$= \left(1-\frac{7}{2}\right)^2 \times \frac{1}{6} + \left(2-\frac{7}{2}\right)^2 \times \frac{1}{6} + \left(3-\frac{7}{2}\right)^2 \times \frac{1}{6} + \left(4-\frac{7}{2}\right)^2 \times \frac{1}{6} + \left(5-\frac{7}{2}\right)^2 \times \frac{1}{6}$$
$$+ \left(6-\frac{7}{2}\right)^2 \times \frac{1}{6}$$
$$= \frac{25}{4} \times \frac{1}{6} + \frac{9}{4} \times \frac{1}{6} + \frac{1}{4} \times \frac{1}{6} + \frac{1}{4} \times \frac{1}{6} + \frac{9}{4} \times \frac{1}{6} + \frac{25}{4} \times \frac{1}{6}$$
$$= \frac{25+9+1+1+9+25}{24} = \frac{35}{12}$$

となります.また,
$$E(X^2) = 1^2 \times \frac{1}{6} + 2^2 \times \frac{1}{6} + 3^2 \times \frac{1}{6} + 4^2 \times \frac{1}{6} + 5^2 \times \frac{1}{6} + 6^2 \times \frac{1}{6}$$
$$= \frac{1+4+9+16+25+36}{6}$$
$$= \frac{91}{6}$$

より
$$V(X) = E(X^2) - \{E(X)\}^2$$
$$= \frac{91}{6} - \left(\frac{7}{2}\right)^2 = \frac{35}{12}$$

と求める方法もよく用いられます.

② 確率変数 X が次のような分布をもち,その期待値が $\frac{4}{3}$ であるとします.このときの p_1, p_2 を求めましょう.

表3.3 X の分布

X の値	0	1	2	3
確率	$\frac{1}{6}$	p_1	p_2	$\frac{1}{6}$

確率ですから,すべてを足すと,1にならなくてはなりません.つまり

$$\frac{1}{6} + p_1 + p_2 + \frac{1}{6} = 1$$

です.また,期待値が $\frac{4}{3}$ ですから

$$0 \times \frac{1}{6} + 1 \times p_1 + 2 \times p_2 + 3 \times \frac{1}{6} = \frac{4}{3}$$

です.この2つの式を整理すると,最初の式は

$$p_1 + p_2 = \frac{2}{3}$$

次の式は

$$p_1 + 2p_2 = \frac{5}{6}$$

となります．この2つの式を連立方程式として解けば $p_1 = \frac{1}{2}$, $p_2 = \frac{1}{6}$ となります．

③ 2つの確率変数 X と Y が独立ならば，$V(X-Y) = V(X) + V(Y)$ であることを示しましょう．

$E(X) = x$, $E(Y) = y$ とおくと

$$\begin{aligned}
V(X-Y) &= E[\{X-Y-(x-y)\}^2] \\
&= E[\{(X-x)-(Y-y)\}^2] \\
&= E[(X-x)^2] - 2E[(X-x)(Y-y)] + E[(Y-y)^2] \\
&= V(X) - 2E(X-x)E(Y-y) + V(Y) \\
&= V(X) - 2 \cdot 0 \cdot 0 + V(Y) = V(X) + V(Y)
\end{aligned}$$

となります．

$V(X) - V(Y)$ ではありません！

X, Y が独立なら，$E[h(X)g(Y)] = E(h(X))E(g(Y))$ となるので，$E[(X-x)(Y-y)] = E(X-x)E(Y-y) = (E(X)-x)(E(Y)-y) = (x-x)(y-y) = 0$ となります．

④ $P(X=k) = c$ $(k=1, 2, ..., N)$ のとき，定数 c, $E(X)$, $V(X)$ を求めましょう．

確率の合計は1になりますから，

$$1 = \sum_{k=1}^{N} c = cN,$$

よって

$$c = \frac{1}{N}$$

となります．また，定義の通り計算すれば，

$$E(X) = \sum_{k=1}^{N} ck = \frac{N+1}{2},$$

$$E(X^2) = \sum_{k=1}^{N} ck^2 = \frac{(N+1)(2N+1)}{6} \text{ ですから，公式より}$$

$$V(X) = E(X^2) - \{E(X)\}^2 = \frac{(N+1)(2N+1)}{6} - \left(\frac{N+1}{2}\right)^2 = \frac{(N+1)(N-1)}{12}$$

です．$N=6$ のときには，サイコロ投げと同じです．

やってみましょう

① 正しい硬貨を 3 回投げるとき，表が出る回数 X の期待値と分散を計算しましょう．

$P(X=0)=\boxed{}$, $P(X=1)=\boxed{}$,

$P(X=2)=\boxed{}$, $P(X=3)=\boxed{}$

$E(X)=0\cdot\boxed{}+1\cdot\boxed{}+2\cdot\boxed{}+3\cdot\boxed{}=\boxed{}$

$E(X^2)=0^2\cdot\boxed{}+1^2\cdot\boxed{}+2^2\cdot\boxed{}+3^2\cdot\boxed{}=\boxed{}$

よって

$V(X)=E(X^2)-\{E(X)\}^2=\boxed{}-\left(\boxed{}\right)^2=\boxed{}$

となります．

② 確率変数 X は次のような分布をもち，その 2 乗の期待値 $E(X^2)$ は $\dfrac{11}{6}$ であるとします．p_1 と p_2 の値を求めましょう．

表3.4 X の分布

X の値	0	1	2
確率	$\dfrac{1}{6}$	p_1	p_2

確率は合計すると 1 なので

$\boxed{}+\boxed{}+\boxed{}=1$,

$0^2\cdot\boxed{}+1^2\cdot\boxed{}+2^2\cdot\boxed{}=\dfrac{11}{6}$

となります．これを解いて，

$$p_1 = \boxed{}, \quad p_2 = \boxed{}$$

となります．

③ $V(X) = E(X^2) - \{E(X)\}^2$ を確かめましょう．$E(X) = x$ とおくと，

$$V(X) = E[\{X-x\}^2]$$

$$= E\left(\boxed{}\right)$$

$$= \boxed{} - 2\boxed{} + \boxed{}$$

$$= E(X^2) - 2x^2 + x^2$$

$$= E(X^2) - x^2$$

$$= E(X^2) - \{E(X)\}^2$$

④ $P(X=k) = ck$ ($k=1, 2, \cdots, N$) のとき 定数 c，$E(X)$，$V(X)$ を求めましょう．確率の合計は1となることより，

$$1 = \sum_{k=1}^{N} \boxed{} = c \boxed{}$$

よって

$$c = \boxed{}$$

となります．次に $E(X)$ を求めます．

$$E(X) = \sum_{k=1}^{N} k \boxed{} = c \sum_{k=1}^{N} \boxed{}$$

$$= \boxed{} \cdot \boxed{}$$

$$= \boxed{}$$

$$\sum_{k=1}^{N} k = \frac{N(N+1)}{2}$$

$$\sum_{k=1}^{N} k^2 = \frac{N(N+1)(2N+1)}{6}$$

$$\sum_{k=1}^{N} k^3 = \frac{N^2(N+1)^2}{4}$$

となります．次に $V(X)$ を求めるために，$E(X^2)$ を計算しておきましょう．

$$E(X^2) = \sum_{k=1}^{N} k^2 \boxed{} = c \sum_{k=1}^{N} k^3$$

$$= \boxed{} \cdot \boxed{} = \boxed{}$$

ですから，$V(X)$ は，

$$\boxed{} - \boxed{} = \boxed{}$$

練習問題

① 次の確率変数 X の確率分布について，p, $E(X)$, $V(X)$, $E(2^X)$ を求めよ．

表 3.5 X の分布

X の値	0	1	2	3
確率	$\frac{1}{6}$	$\frac{2}{6}$	p	$\frac{1}{6}$

② 次の確率変数 X の確率分布について $E(X) = \frac{5}{3}$, $V(X) = \frac{2}{9}$ のとき，x と y の値を求めよ．

表 3.6 X の分布

X の値	x	y
確率	$\frac{1}{3}$	$\frac{2}{3}$

③ $E(X)=1$, $V(X)=2$, $E(Y)=3$, $V(Y)=4$, そして X と Y は独立であるとする．このとき，以下を求めよ．

(1) $E(2X+3Y)$, (2) $V(2X-3Y)$, (3) $E(X^2)$, (4) $E[(X+Y)^2]$,

(5) $E\left(\frac{X-a}{b}\right)=0$ かつ $V\left(\frac{X-a}{b}\right)=1$ となる定数 a, b

(このとき，$\frac{X-a}{b}$ を X の**標準化**という．)

答え

やってみましょうの答え

① $P(X=0)=\boxed{\dfrac{1}{8}}$, $P(X=1)=\boxed{\dfrac{3}{8}}$, $P(X=2)=\boxed{\dfrac{3}{8}}$, $P(X=3)=\boxed{\dfrac{1}{8}}$

$E(X)=0\cdot\boxed{\dfrac{1}{8}}+1\cdot\boxed{\dfrac{3}{8}}+2\cdot\boxed{\dfrac{3}{8}}+3\cdot\boxed{\dfrac{1}{8}}=\boxed{\dfrac{3}{2}}$

$E(X^2)=0^2\cdot\boxed{\dfrac{1}{8}}+1^2\cdot\boxed{\dfrac{3}{8}}+2^2\cdot\boxed{\dfrac{3}{8}}+3^2\cdot\boxed{\dfrac{1}{8}}=\boxed{3}$, $V(X)=\boxed{3}-\left(\boxed{\dfrac{3}{2}}\right)^2=\boxed{\dfrac{3}{4}}$

② $\boxed{\dfrac{1}{6}}+\boxed{p_1}+\boxed{p_2}=1$, $0^2\boxed{\dfrac{1}{6}}+1^2\boxed{p_1}+2^2\boxed{p_2}=\dfrac{11}{6}$, $p_1=\boxed{\dfrac{1}{2}}$, $p_2=\boxed{\dfrac{1}{3}}$

③ $V(X)=E(\boxed{X^2-2Xx+x^2})=\boxed{E(X^2)}-2\boxed{x}\boxed{E(X)}+\boxed{x^2}$

④ $1=\sum_{k=1}^{N}\boxed{ck}=c\boxed{\dfrac{N(N+1)}{2}}$, $c=\boxed{\dfrac{2}{N(N+1)}}$

$E(X)=\sum_{k=1}^{N}k\boxed{ck}=c\sum_{k=1}^{N}\boxed{k^2}=\boxed{\dfrac{2}{N(N+1)}}\cdot\boxed{\dfrac{N(N+1)(2N+1)}{6}}=\boxed{\dfrac{2N+1}{3}}$

$E(X^2)=\sum_{k=1}^{N}k^2\boxed{ck}=c\sum_{k=1}^{N}k^3=\boxed{\dfrac{2}{N(N+1)}}\cdot\boxed{\dfrac{N^2(N+1)^2}{4}}=\boxed{\dfrac{N(N+1)}{2}}$

$V(X)$ は $\boxed{\dfrac{N(N+1)}{2}}-\left(\boxed{\dfrac{2N+1}{3}}\right)^2=\boxed{\dfrac{(N+2)(N-1)}{18}}$

練習問題の答え

① $p=\dfrac{2}{6}$, $E(X)=\dfrac{3}{2}$, $V(X)=E(X^2)-\{E(X)\}^2=\dfrac{19}{6}-\left(\dfrac{3}{2}\right)^2=\dfrac{11}{12}$ $\left(\because E(X^2)=0^2\cdot\dfrac{1}{6}+1^2\cdot\dfrac{2}{6}+2^2\cdot\dfrac{2}{6}+3^2\cdot\dfrac{1}{6}=\dfrac{19}{6}\right)$, $E(2^X)=2^0\cdot\dfrac{1}{6}+2^1\cdot\dfrac{2}{6}+2^2\cdot\dfrac{2}{6}+2^3\cdot\dfrac{1}{6}=\dfrac{7}{2}$

② $\dfrac{x}{3}+\dfrac{2}{3}y=\dfrac{5}{3}$, $\dfrac{x^2}{3}+\dfrac{2}{3}y^2=E(X^2)=V(X)+\{E(X)\}^2=3$ これらを解いて $(x, y)=(1, 2)$ または $\left(\dfrac{7}{3}, \dfrac{4}{3}\right)$

③ (1) $E(2X+3Y)=2\cdot 1+3\cdot 3=11$, (2) $V(2X-3Y)=2^2V(X)+(-3)^2V(Y)=44$, (3) $E(X^2)=V(X)+\{E(X)\}^2=3$, (4) $E[(X+Y)^2]=E(X^2+2XY+Y^2)=3+2E(X)E(Y)+(4+3^2)=22$, (5) $a=E(X)=1$, $b=\pm\sqrt{V(X)}=\pm\sqrt{2}$

4 共分散と相関係数

定義と公式

共分散

2つの確率変数 X と Y の**共分散** $\mathrm{Cov}(X, Y)$ を

$$\mathrm{Cov}(X, Y) = E[\{X - E(X)\}\{Y - E(Y)\}]$$

によって定義します．

X と Y の共分散が負であるとは，ラフにいえば「$X > E(X)$ のときに $Y < E(Y)$ になりやすく，$X < E(X)$ のときに $Y > E(Y)$ になりやすい」ということです．

共分散の基本的性質

1. $\mathrm{Cov}(X, X) = V(X)$, $\mathrm{Cov}(X, Y) = \mathrm{Cov}(Y, X)$
2. $\mathrm{Cov}(X_1 + X_2, Y) = \mathrm{Cov}(X_1, Y) + \mathrm{Cov}(X_2, Y)$, $\mathrm{Cov}(aX, Y) = a\mathrm{Cov}(X, Y)$
3. $\mathrm{Cov}(X, Y) = E(XY) - E(X)E(Y)$
4. $V(X + Y) = V(X) + 2\mathrm{Cov}(X, Y) + V(Y)$
5. X と Y が独立ならば $\mathrm{Cov}(X, Y) = 0$ である．

最後の性質の逆は必ずしも成り立たないことに注意（「やってみましょう」の③を参照）しましょう．

相関係数

2つの確率変数 X と Y の**相関係数**を

$$\rho(X, Y) = \frac{\mathrm{Cov}(X, Y)}{\sqrt{V(X)}\sqrt{V(Y)}}$$

によって定義します．ρ はギリシア文字の「ロー」です．相関係数の正負は，共分散の正負と一致します．

相関係数の重要な性質

$$-1 \leq \rho(X, Y) \leq 1$$

また，a, b, c, d を定数とし，ac が正のとき，

$$\rho(aX + b, cY + d) = \rho(X, Y)$$

となります．

公式の使い方（例）

① 2つの確率変数 X と Y の同時分布が

表4.1 X と Y の同時分布

X \ Y	0	32
8	$\frac{3}{8}$	$\frac{1}{4}$
16	$\frac{1}{4}$	$\frac{1}{8}$

であるとき，2つの確率変数 X と Y の共分散と相関係数を求めてみましょう．

$$E(XY)=8\cdot 0\cdot\frac{3}{8}+16\cdot 0\cdot\frac{1}{4}+8\cdot 32\cdot\frac{1}{4}+16\cdot 32\cdot\frac{1}{8}=128$$

また、X, Y のそれぞれの周辺分布より

$$E(X)=8\cdot\frac{5}{8}+16\cdot\frac{3}{8}=11,\quad E(Y)=0\cdot\frac{5}{8}+32\cdot\frac{3}{8}=12$$

よって

$$\mathrm{Cov}(X,\ Y)=128-11\cdot 12=-4$$

また

$$E(X^2)=8^2\cdot\frac{5}{8}+16^2\cdot\frac{3}{8}=136,\quad E(Y^2)=0^2\cdot\frac{5}{8}+32^2\cdot\frac{3}{8}=384,$$

よって

$$V(X)=136-11^2=15,\quad V(Y)=384-12^2=240$$

となります．これらより，

$$\rho(X,\ Y)=\frac{-4}{\sqrt{15}\sqrt{240}}=-\frac{1}{15}$$

② $\mathrm{Cov}(X,\ Y)=E(XY)-E(X)E(Y)$ を確かめてみましょう．
$E(X)=x$, $E(Y)=y$ とおくと

$$\begin{aligned}\mathrm{Cov}(X,\ Y)&=E[(X-x)(Y-y)]\\&=E(XY-xY-yX+xy)\end{aligned}$$

$$=E(XY)-xE(Y)-yE(X)+xy$$
$$=E(XY)-xy-yx+xy$$
$$=E(XY)-xy$$

と確かめられます．

やってみましょう

① サイコロを1回投げたときの目を X とします．X を2で割った余りを Y，3で割った余りを Z とするとき，2つの確率変数 Y と Z の共分散と相関係数を求めましょう．

$$P(Y=0,\ Z=0)=P(X=6)=\frac{1}{6},$$

$$P(Y=0,\ Z=1)=P(X=4)=\frac{1}{6},$$

$$P(Y=0,\ Z=2)=P(X=2)=\frac{1}{6},$$

$$P(Y=1,\ Z=0)=P(X=3)=\frac{1}{6},$$

$$P(Y=1,\ Z=1)=P(X=1)=\frac{1}{6},$$

$$P(Y=1,\ Z=2)=P(X=5)=\frac{1}{6}$$

よって

$$E(YZ)=1\cdot 1\cdot \frac{1}{6}+1\cdot 2\cdot \frac{1}{6}=\frac{1}{2}$$

また

$$P(Y=0)=P(Y=0,\ Z=0)+P(Y=0,\ Z=1)+P(Y=0,\ Z=2)$$

$$= \boxed{} + \boxed{} + \boxed{} = \boxed{},$$

$$P(Y=1) = \boxed{},$$

$$E(Y) = 0 \cdot \boxed{} + 1 \cdot \boxed{} = \boxed{}$$

$$P(Z=0) = P(Z=0, \ Y=0) + P(Z=0, \ Y=1)$$

$$= \boxed{} + \boxed{} = \boxed{},$$

$$P(Z=1) = \boxed{}, \quad P(Z=2) = \boxed{},$$

$$E(Z) = 0 \cdot \boxed{} + 1 \cdot \boxed{} + 2 \cdot \boxed{} = \boxed{}$$

つまり、 $\quad \mathrm{Cov}(Y, Z) = \boxed{} - 1 \cdot \boxed{} = \boxed{},$

したがって

$$\rho(Y, Z) = \boxed{}$$

> 実はこの 2 つの確率変数 Y, Z は独立であることもすぐにわかります.

② $V(X+Y) = V(X) + 2\mathrm{Cov}(X, Y) + V(Y)$ を確認してみましょう.
$E(X) = x, E(Y) = y$ とおくと,

$$V(X+Y) = E[\{X+Y-(\boxed{})\}^2] = E[\{(X-x)+(\boxed{})\}^2]$$

$$= E[(X-x)^2 + 2(X-x)(\boxed{}) + (\boxed{})^2]$$

$$= E[(X-x)^2] + 2E[(X-x)(\boxed{})] + E[(\boxed{})^2]$$

$$= \boxed{} + 2\boxed{} + \boxed{}$$

③ 確率変数 X は $-1, 0, 1$ という値を確率 $\frac{1}{3}$ ずつでとるとします．また $Y=X^2$ とします．このとき 2 つの確率変数 X と Y の相関はゼロであること，また，X と Y は独立で**ない**ことを示しましょう．

$$E(XY) = E(XX^2)$$
$$= E(\boxed{}) = \boxed{}\left(\frac{1}{3}\right) + \boxed{}\left(\frac{1}{3}\right) + \boxed{}\left(\frac{1}{3}\right) = \boxed{},$$
$$E(X) = (-1)\left(\frac{1}{3}\right) + 0\left(\frac{1}{3}\right) + (1)\left(\frac{1}{3}\right) = 0,$$

よって

$$\text{Cov}(X, Y) = E(XY) - E(X)E(Y) = \boxed{}$$

$$P(X=0) = \frac{1}{3}, \qquad \boxed{P(X=0)P(Y=1) \neq P(X=0 \text{ かつ } Y=1)}$$

$$P(Y=1) = P(X=-1 \text{ または } X=1) = \boxed{},$$

$$P(X=0 \text{ かつ } Y=1) = P(X=0 \text{ かつ } X^2=1) = P(\boxed{}) = \boxed{}$$

ゆえに X, Y は独立ではありません．このように，相関が 0 でも必ずしも独立であるとはいえません．

練習問題

① $E(X)=1$, $V(X)=2$, $E(Y)=3$, $V(Y)=4$, $\text{Cov}(X, Y)=-1$ とするとき，次を求めよ．
(1) $V(2X+3Y)$, (2) $V(X-2Y)$, (3) $E(XY)$, (4) $\text{Cov}(X+Y, X+2Y)$,
(5) $\rho(X, Y)$, (6) $\rho(2X-3, 3Y-5)$

答え

やってみましょうの答え

① $P(Y=0, Z=0)=P(X=\boxed{6})=\boxed{\dfrac{1}{6}}$, $P(Y=0, Z=1)=P(X=\boxed{4})=\boxed{\dfrac{1}{6}}$,

$P(Y=0, Z=2)=P(X=\boxed{2})=\boxed{\dfrac{1}{6}}$, $P(Y=1, Z=0)=P(X=\boxed{3})=\boxed{\dfrac{1}{6}}$,

$P(Y=1, Z=1)=P(X=\boxed{1})=\boxed{\dfrac{1}{6}}$, $P(Y=1, Z=2)=P(X=\boxed{5})=\boxed{\dfrac{1}{6}}$

$E(YZ)=1\cdot 1\cdot \boxed{\dfrac{1}{6}}+1\cdot 2\cdot \boxed{\dfrac{1}{6}}=\boxed{\dfrac{1}{2}}$

$P(Y=0)=\boxed{\dfrac{1}{6}}+\boxed{\dfrac{1}{6}}+\boxed{\dfrac{1}{6}}=\boxed{\dfrac{1}{2}}$, $P(Y=1)=\boxed{\dfrac{1}{2}}$, $E(Y)=0\cdot \boxed{\dfrac{1}{2}}+1\cdot \boxed{\dfrac{1}{2}}=\boxed{\dfrac{1}{2}}$

$P(Z=0)=\boxed{\dfrac{1}{6}}+\boxed{\dfrac{1}{6}}=\boxed{\dfrac{1}{3}}$, $P(Z=1)=\boxed{\dfrac{1}{3}}$, $P(Z=2)=\boxed{\dfrac{1}{3}}$,

$E(Z)=0\cdot \boxed{\dfrac{1}{3}}+1\cdot \boxed{\dfrac{1}{3}}+2\cdot \boxed{\dfrac{1}{3}}=\boxed{1}$, $\mathrm{Cov}(Y, Z)=\boxed{\dfrac{1}{2}}-1\cdot \boxed{\dfrac{1}{2}}=\boxed{0}$,

$\rho(Y, Z)=\boxed{0}$.

② $V(X+Y)=E[\{X+Y-(\boxed{x+y})\}^2]=E[\{(X-x)+(\boxed{Y-y})\}^2]$

$=E[(X-x)^2+2(X-x)(\boxed{Y-y})+(\boxed{Y-y})^2]$

$=E[(X-x)^2]+2E[(X-x)(\boxed{Y-y})]+E[(\boxed{Y-y})^2]$

$=\boxed{V(X)}+2\boxed{\mathrm{Cov}(X, Y)}+\boxed{V(Y)}$

③ $E(XY)=E(\boxed{X^3})=\boxed{(-1)^3}\dfrac{1}{3}+\boxed{0^3}\dfrac{1}{3}+\boxed{1^3}\dfrac{1}{3}=\boxed{0}$, $E(X)=0$, $\mathrm{Cov}(X, Y)=\boxed{0}$

$P(X=0)=\dfrac{1}{3}$, $P(Y=1)=\boxed{\dfrac{2}{3}}$, $P(X=0\ \text{かつ}\ Y=1)=P(\boxed{\varnothing})=\boxed{0}$

練習問題の答え

(1) $4V(X)+12\mathrm{Cov}(X, Y)+9V(Y)=8-12+36=32$ (2) $V(X)-4\mathrm{Cov}(X, Y)+4V(Y)$
$=2+4+16=22$ (3) $E(XY)=\mathrm{Cov}(X, Y)+E(X)E(Y)=-1+3=2$ (4) $\mathrm{Cov}(X, X)+$
$\mathrm{Cov}(X, 2Y)+\mathrm{Cov}(Y, X)+\mathrm{Cov}(Y, 2Y)=V(X)+3\mathrm{Cov}(X, Y)+2V(Y)=7$
(5) $\dfrac{\mathrm{Cov}(X, Y)}{\sqrt{V(X)}\sqrt{V(Y)}}=\dfrac{-1}{2\sqrt{2}}$ (6) $\dfrac{-1}{2\sqrt{2}}$

5 ベルヌーイ分布と2項分布

定義と公式

ベルヌーイ分布 Be(p)

確率変数 X の分布が

表 5.1 X の分布

X の値	0	1
確率	$1-p$	p

のとき，「確率変数 X の分布はパラメータ p の**ベルヌーイ分布**である」もしくは「確率変数 X は，パラメータ p のベルヌーイ分布に従う」といいます．記号を用いて「X の分布=Be(p)」や「$X \sim$ Be(p)」と記すこともあります．パラメータ p は $0<p<1$ の定数です．

たとえば，サイコロを1回投げて，ある特定の目（たとえば3）が出た場合のみ1円もらうという賭けごとを考えると，もらう金額の分布は Be$\left(\dfrac{1}{6}\right)$ です．

Be(p) に従う確率変数 X の期待値と分散を計算しましょう．

$$E(X) = 0 \cdot (1-p) + 1 \cdot p = p,$$
$$E(X^2) = 0^2 \cdot (1-p) + 1^2 \cdot p = p$$

なので，分散は

$$V(X) = E(X^2) - \{E(X)\}^2$$
$$= p - p^2$$
$$= p(1-p)$$

となります．

2項分布 B(n, p)

確率変数 X のとり得る値が $0, 1, \cdots, n$ で

$$P(X=k) = {}_n\mathrm{C}_k p^k (1-p)^{n-k}$$

のとき，「確率変数 X の分布はパラメータ n, p の**2項分布**である」といい，記号では，$X \sim$ B(n, p) と書きます．表で表すと

表5.2 X の分布

X の値	0	1	⋯	k	⋯	n
確率	$(1-p)^n$	$np(1-p)^{n-1}$	⋯	${}_nC_k p^k (1-p)^{n-k}$	⋯	p^n

です．パラメータ p は $0<p<1$ の定数で，n は1以上の整数です．

　確率 p で成功，確率 $1-p$ で失敗する試行を独立に n 回行うときの成功回数の分布が $B(n, p)$ です．このことから，次の3つの性質も成り立ちます．

1. $X_1, \cdots, X_n$ は互いに独立で各 X_i の分布はベルヌーイ分布 $Be(p)$ であるとすると，$X_1+X_2+\cdots+X_n$ の分布は $B(n, p)$ である．
2. 分布が $B(n, p)$ であるような確率変数 X の期待値は np，分散は $np(1-p)$ である．
3. 2つの独立な確率変数 X と Y が，それぞれ $X \sim B(n, p)$，$Y \sim B(m, p)$ のとき，2つの確率変数の和 $X+Y$ の分布は $B(n+m, p)$ である（2項分布の**再生性**といいます）．

公式の使い方（例）

① 正しいサイコロを7回投げて，5の目がちょうど2回出る確率を計算してみましょう．

$$P\left(B\left(7, \frac{1}{6}\right)=2\right) = {}_7C_2 \left(\frac{1}{6}\right)^2 \left(\frac{5}{6}\right)^5$$

② 2項分布の全確率が1であること，つまり

$$\sum_{k=0}^{n} {}_nC_k p^k (1-p)^{n-k} = 1$$

であることを確かめましょう．

　2項展開より

$$\sum_{k=0}^{n} {}_nC_k p^k (1-p)^{n-k} = \{p+(1-p)\}^n = 1$$

③ 正しいサイコロを独立に n 回投げます．n 個の確率変数 $X_1, X_2, \cdots, X_n$ を次のように定義します．i 回目の目が3の倍数のとき $X_i=1$，そうでないとき $X_i=0$．このとき

(1) 各 X_i の分布を求めましょう．

　サイコロで3の倍数の目が出る確率が $\frac{1}{3}$ なので，

$$X_i \text{ の分布} = Be\left(\frac{1}{3}\right)$$

(2) $X=X_1+X_2+\cdots+X_n$ は何を表す確率変数か，また X の分布は何かを考えましょう．

　X は n 回のサイコロ投げで，何回3の倍数の目が出るかを表す確率変数で，その分布は $B\left(n, \frac{1}{3}\right)$

やってみましょう

① 正しい硬貨を100回投げて，表がちょうど50回出る確率を計算してみましょう．

$$\boxed{}{}_{\boxed{}}\mathrm{C}_{\boxed{}}\left(\boxed{}\right)^{\boxed{}}$$

> もちろん ${}_{100}\mathrm{C}_{50}$ の具体的数値は計算しなくてもよい．

② $k\,{}_n\mathrm{C}_k = n\,{}_{n-1}\mathrm{C}_{k-1}$ を示し，X の分布が $\mathrm{B}(n,\ p)$ のとき $E(X)$ を求めましょう．

まず
$$k\,{}_n\mathrm{C}_k = k\frac{n!}{k!(n-k)!} = \frac{n(n-1)!}{\boxed{}!\{(n-1)-(k-1)\}!} = n\,{}_{\boxed{}}\mathrm{C}_{\boxed{}}$$

とはじめの部分が示せます．次に，X の分布が $\mathrm{B}(n,\ p)$ のとき，

$$E(X) = \sum_{k=0}^{n} k\,{}_n\mathrm{C}_k\, p^k(1-p)^{n-k} = \sum_{k=1}^{n} k\,{}_n\mathrm{C}_k\, p^k(1-p)^{n-k}$$

$$= \sum_{k=1}^{n} \boxed{}\,{}_{\boxed{}}\mathrm{C}_{\boxed{}}\, p^k(1-p)^{n-k}$$

$$= \boxed{} \sum_{l=0}^{n-1} {}_{\boxed{}}\mathrm{C}_{\boxed{}}\, p^{l+1}(1-p)^{n-1-l}$$

$$= \boxed{} \sum_{l=0}^{n-1} {}_{\boxed{}}\mathrm{C}_{\boxed{}}\, p^l(1-p)^{(n-1)-l}$$

$$= \boxed{}\{p+(1-p)\}^{\boxed{}} = \boxed{}$$

> 一般に $\sum_{i=0}^{N} {}_N\mathrm{C}_i x^i y^{N-i} = (x+y)^N$

> $k-1 = l$ とおきます．

練習問題

① X の分布 $=\mathrm{Be}(p)$，Y の分布 $=\mathrm{B}(n,\ p)$，Z の分布 $=\mathrm{B}(m,\ p)$ とし，3つの確率変数は互いに独立であるとする．このとき

(1) $1-X$ の分布は何か．

(2) $n-Y$ の分布は何か．

(3) $E(2^X)$ および $E(2^Y)$ を計算せよ．

(4) $P(X=1|X+Y=5)$ および $P(Y=X)$ を計算せよ．

(5) $P(XY=0)$ および $P(YZ=2)$ を計算せよ．

答え

やってみましょうの答え

① $\boxed{100}C\boxed{50}\left(\boxed{\dfrac{1}{2}}\right)^{\boxed{100}}$

② $k\,_nC_k = \dfrac{n(n-1)!}{\boxed{(k-1)!}\{(n-1)-(k-1)\}!} = n\,_{\boxed{n-1}}C_{\boxed{k-1}}$

$E(X) = \sum_{k=1}^{n} \boxed{n}\,_{\boxed{n-1}}C_{\boxed{k-1}}\,p^k(1-p)^{n-k} = \boxed{n}\sum_{l=0}^{n-1}\,_{\boxed{n-1}}C_{\boxed{l}}\,p^{l+1}(1-p)^{n-1-l}$

$= \boxed{n}\,\boxed{p}\sum_{l=0}^{n-1}\,_{\boxed{n-1}}C_{\boxed{l}}\,p^l(1-p)^{(n-1)-l} = \boxed{np}\{p+(1-p)\}^{\boxed{n-1}} = \boxed{np}$

練習問題の答え

① (1) $Be(1-p)$

(2) $k = 0, 1, \cdots, n$ に対し

$P(n-Y=k) = P(Y=n-k) = {}_nC_{n-k}\,p^{n-k}(1-p)^{n-(n-k)} = {}_nC_k(1-p)^k p^{n-k}$

よって，$n-Y$ の分布 $= B(n,\ 1-p)$

(3) $E(2^X) = 2^0 \cdot (1-p) + 2^1 \cdot p = 1+p$,

$E(2^Y) = \sum_{k=0}^{n} 2^k \cdot {}_nC_k\,p^k(1-p)^{n-k} = \{2p+(1-p)\}^n = (1+p)^n$

(4) $P(X=1\,|\,X+Y=5) = \dfrac{P(X=1\,かつ\,X+Y=5)}{P(X+Y=5)}$

$= \dfrac{P(X=1\,かつ\,Y=4)}{P(X=0\,かつ\,Y=5) + P(X=1\,かつ\,Y=4)}$

$= \dfrac{p \cdot {}_nC_4\,p^4(1-p)^{n-4}}{(1-p)\cdot {}_nC_5\,p^5(1-p)^{n-5} + p \cdot {}_nC_4\,p^4(1-p)^{n-4}} = \dfrac{5}{n+1}$

なお $n \leq 3$ のときは $P(X+Y=5) = 0$ なので，条件つき確率は定義できない．

$P(Y=X) = P(X=0\,かつ\,Y=0) + P(X=1\,かつ\,Y=1)$

$= (1-p)\cdot(1-p)^n + p\cdot np(1-p)^{n-1}$

(5) $P(XY=0) = P(X=0\,または\,Y=0)$

$= P(X=0) + P(Y=0) - P(X=0\,かつ\,Y=0)$

$= (1-p) + (1-p)^n - (1-p)\cdot(1-p)^n = (1-p) + (1-p)^n - (1-p)^{n+1}$

$P(YZ=2) = P(Y=1,\,Z=2) + P(Y=2,\,Z=1)$

$= {}_nC_1\,p(1-p)^{n-1} \cdot {}_mC_2\,p^2(1-p)^{m-2} + {}_nC_2\,p^2(1-p)^{n-2}\cdot{}_mC_1\,p(1-p)^{m-1}$

$= \dfrac{mn(m+n-2)}{2}p^3(1-p)^{m+n-3}$

6 幾何分布と負の2項分布

定義と公式

幾何分布　Ge(p)

確率変数 X のとり得る値が 0, 1, 2… つまりゼロ以上の整数で

$$P(X=k)=p(1-p)^k$$

のとき，「確率変数 X の分布はパラメータ p の**幾何分布**である」といい，記号では $X \sim \text{Ge}(p)$ と書きます．表で表すと

表 6.1 パラメータ p の幾何分布に使う X の分布

X の値	0	1	…	k	…
確率	p	$p(1-p)$	…	$p(1-p)^k$	…

となります．パラメータ p は $0<p<1$ の定数です．

1回1回が「確率 p で成功，確率 $1-p$ で失敗」という試行を独立に何度も繰り返すとき，最初の成功までの失敗数 X の分布は幾何分布 $\text{Ge}(p)$ になります．たとえば

$$\begin{aligned}P(X=3)&=P(\text{最初の成功までの失敗数は3回}) \\ &=P(\text{最初の3回は失敗，4回目に成功}) \\ &=(1-p)^3 p\end{aligned}$$

という具合です．$E(X)=\dfrac{1-p}{p}$，$V(X)=\dfrac{1-p}{p^2}$ もわかります（「公式の使い方」の②，「やってみましょう」の②を参照）．

ファーストサクセス(First Success)分布　Fs(p)

1回1回が「確率 p で成功，確率 $1-p$ で失敗」という試行を独立に何度も繰り返すとき，最初の成功までの**試行数** Y の分布をファーストサクセス分布と呼び，記号では $Y \sim \text{Fs}(p)$ と書きます．このとき Y のとり得る値は1以上の整数で

$$P(Y=k)=p(1-p)^{k-1}$$

です．

$$Y \sim \mathrm{Fs}(p) \iff Y-1 \sim \mathrm{Ge}(p)$$

が成り立ちます．なお，文献によってはこの First Success 分布のことを幾何分布と呼ぶものもあるので，注意してください．

負の2項分布　NB(n, p)

1回1回が「確率 p で成功，確率 $1-p$ で失敗」という試行を独立に何度も繰り返すとき，最初に n 回成功するまでの失敗数 X の分布は負の2項分布 NB(n, p) になります．たとえば $n=5$ のとき

$$\begin{aligned}P(X=3) &= P(\text{最初の5回の成功までの失敗数は3回}) \\ &= P(\text{初めの7回のうちは3回失敗，4回成功で，8回目は成功}) \\ &= {}_7C_4 p^4(1-p)^3 p = {}_7C_4 p^5 (1-p)^3\end{aligned}$$

という具合です．

上と同じように，一般的には確率変数 X のとり得る値が $0, 1, 2, \ldots$ つまりゼロ以上の整数で

$$P(X=k) = {}_{n+k-1}C_{n-1} p^{n-1}(1-p)^k p = {}_{n+k-1}C_{n-1} p^n (1-p)^k$$

となります．

n 個の確率変数 $X_1, \ldots, X_n$ が独立同分布で，各 X_i の分布 $= \mathrm{Ge}(p)$ のとき，

$$X = X_1 + \cdots + X_n \sim \mathrm{NB}(n, p)$$

となるので，

$$E(X) = n\frac{1-p}{p}, \quad V(X) = n\frac{1-p}{p^2}$$

です．

公式の使い方（例）

① 正しいサイコロを何回も振るとき，はじめて6の目が出るまでに6の目以外が10回出る確率を求めてみましょう．また，はじめて6の目が3回出るまでに6の目以外が10回出る確率を求めましょう．

前者は，幾何分布の公式の通り，

$$\left(\frac{1}{6}\right)\left(\frac{5}{6}\right)^{10}$$

です．後者は負の2項分布の公式通りに

$$_{12}C_2\left(\frac{1}{6}\right)^3\left(\frac{5}{6}\right)^{10}$$

② 無限等比級数 $\sum_{k=0}^{\infty}x^k=(1-x)^{-1}$（ただし $|x|<1$）の両辺を微分することにより $\sum_{k=0}^{\infty}kx^{k-1}$ を求めてみましょう．

$$\sum_{k=0}^{\infty}kx^{k-1}=\frac{d}{dx}\sum_{k=0}^{\infty}x^k=\frac{d}{dx}(1-x)^{-1}=(1-x)^{-2}$$

この式を用いて，X の分布が $\text{Ge}(p)$ のとき $E(X)$ を求めてみましょう．

$$E(X)=\sum_{k=0}^{\infty}kp(1-p)^k=p(1-p)\sum_{k=0}^{\infty}k(1-p)^{k-1}=p(1-p)\{1-(1-p)\}^{-2}=\frac{1-p}{p}$$

$P(X\geqq 5)$ も求めてみましょう．

$$P(X\geqq 5)=\sum_{k=5}^{\infty}p(1-p)^k=\frac{p(1-p)^5}{1-(1-p)}$$
$$=(1-p)^5$$

> 等比数列の和や無限等比級数は以下の公式を使いましょう．
> $\sum$ 等比数列 $=\dfrac{初項-末項\cdot 公比}{1-公比}$
> $\overset{\infty}{\sum}$ 等比数列 $=\dfrac{初項}{1-公比}$ （|公比|<1 のとき）

やってみましょう

① M選手が初めてヒットを打つまでに凡打を10回する確率を求めましょう．また，ヒットを5回打つまでに凡打を10回する確率を求めましょう．ただし1回の打席でヒットを打つ確率は $\frac{1}{3}$ とします．

$$(\quad)(\quad)^{\square}$$

$$_{\square}C_{\square}(\quad)^{\square}(\quad)^{\square}$$

② 無限等比級数 $\sum_{k=0}^{\infty}x^k=(1-x)^{-1}$（ただし $|x|<1$）の両辺を2回微分することにより $\sum_{k=0}^{\infty}k(k-1)x^{k-2}$ を求めてみましょう．

$$\sum_{k=0}^{\infty} k(k-1)x^{k-2} = \frac{d}{dx}\sum_{k=0}^{\infty} k\boxed{} = \frac{d}{dx}\boxed{} = \boxed{}$$

X の分布を $\mathrm{Ge}(p)$ とするとき，$E[X(X-1)]$，$V(X)$ を求めて，$P(X \leq 10)$ も求めましょう．

$$E[X(X-1)] = \sum_{k=0}^{\infty} k(k-1)p(1-p)^k = p(1-p)^2 \sum_{k=0}^{\infty} \boxed{} = \boxed{}$$

$$= \boxed{}$$

$$V(X) = E(X^2) - \{E(X)\}^2 = E[X(X-1)] + \boxed{} - \boxed{}$$

$$= \boxed{} + \boxed{} - \boxed{} = \boxed{}$$

$$P(X \leq 10) = \sum_{k=0}^{10} p(1-p)^k = \frac{p - p(1-p)^{11}}{1-(1-p)} = \boxed{}$$

③ 2つの確率変数 X と Y は独立で，X の分布 $= Y$ の分布 $= \mathrm{Ge}(p)$ であるとします．このとき $\min\{X, Y\}$ の分布も幾何分布になることを示しましょう．そのパラメータは何でしょうか．

$\boxed{P(\min\{X, Y\} \geq k) \text{ をまず求めましょう．}}$

$$P(\min\{X, Y\} \geq k) = P(X \geq k \text{ かつ } Y \geq k)$$

$$= P(\boxed{})P(\boxed{}) = \boxed{} = \boxed{}$$

つまり

$$P(\min\{X, Y\} = k) = P(\min\{X, Y\} \geq k) - P(\min\{X, Y\} \geq k+1)$$

$$= \boxed{} = \boxed{}$$

ですから，$\min\{X, Y\}$ の分布は $\mathrm{Ge}(\boxed{})$ となります．

練習問題

① 2つの確率変数 X と Y は独立で，X の分布 $= Y$ の分布 $= \mathrm{Ge}(p)$ であるとします．このとき次を求めましょう．

(1) $P(X \geq n)$ (2) $P(X = Y)$ (3) $P(XY \leq 1)$

(4) $V(2-3Y)$ および $V(2X-3Y)$ (5) $P(X+Y=k)$

答 え

やってみましょうの答え

① $\left(\boxed{\dfrac{1}{3}}\right)\left(\boxed{\dfrac{2}{3}}\right)^{\boxed{10}}$　　$_{\boxed{14}}C_{\boxed{4}}\left(\boxed{\dfrac{1}{3}}\right)^{\boxed{5}}\left(\boxed{\dfrac{2}{3}}\right)^{\boxed{10}}$

② $\sum_{k=0}^{\infty}k(k-1)x^{k-2}=\dfrac{d}{dx}\sum_{k=0}^{\infty}k\boxed{x^{k-1}}=\dfrac{d}{dx}\boxed{(1-x)^{-2}}=\boxed{2(1-x)^{-3}}$

$E[X(X-1)]=\sum_{k=0}^{\infty}k(k-1)p(1-p)^k=p(1-p)^2\sum_{k=0}^{\infty}\boxed{k(k-1)(1-p)^{k-2}}$

$=\boxed{2p(1-p)^2\{1-(1-p)\}^{-3}}=\boxed{\dfrac{2(1-p)^2}{p^2}}$

$V(X)=E(X^2)-\{E(X)\}^2=E[X(X-1)]+\boxed{E(X)}-\boxed{\{E(X)\}^2}$

$=\boxed{\dfrac{2(1-p)^2}{p^2}}+\boxed{\dfrac{1-p}{p}}-\boxed{\left(\dfrac{1-p}{p}\right)^2}=\boxed{\dfrac{1-p}{p^2}}$

$P(X\leqq 10)=\sum_{k=0}^{10}p(1-p)^k=\dfrac{p-p(1-p)^{11}}{1-(1-p)}=\boxed{1-(1-p)^{11}}$

③ $P(\min\{X,Y\}\geqq k)=P(X\geqq k\text{ かつ }Y\geqq k)=P(\boxed{X\geqq k})P(\boxed{Y\geqq k})=\boxed{(1-p)^k(1-p)^k}$

$=\boxed{(1-p)^{2k}}$

つまり　$P(\min\{X,Y\}=k)=P(\min\{X,Y\}\geqq k)-P(\min\{X,Y\}\geqq k+1)$

$=\boxed{(1-p)^{2k}-(1-p)^{2k+2}}=\boxed{\{1-(1-p)^2\}(1-p)^{2k}}$

ですから，$\min\{X,Y\}$ の分布は $\text{Ge}(\boxed{1-(1-p)^2})$ となります．

練習問題の答え

① (1)　$P(X\geqq n)=(1-p)^n$

(2)　$P(X=Y)=\sum_{k=0}^{\infty}P(X=Y=k)$

$=\sum_{k=0}^{\infty}P(X=k)P(Y=k)$

$=\sum_{k=0}^{\infty}\{p(1-p)^k\}^2$

$=\dfrac{p}{2-p}$

(3)　$P(XY\leqq 1)=P(X=0\text{ または }Y=0\text{ または }X=Y=1)$

$=P(X=0)+P(Y=0)-P(X=Y=0)+P(X=Y=1)$

$=p+p-p^2+\{p(1-p)\}^2$

(4) $V(2-3Y)=(-3)^2V(Y)=9\dfrac{1-p}{p^2}$

   $V(2X-3Y)=2^2V(X)+(-3)^2V(Y)=13\dfrac{1-p}{p^2}$

(5) $X+Y \sim \text{NB}(2, p)$ よって，$P(X+Y=k)={}_{2+k-1}C_1 p^2(1-p)^k=(k+1)p^2(1-p)^k$

7 ポアソン分布

定義と公式

ポアソン分布 Po(λ)

確率変数 X のとり得る値が $0, 1, 2, \cdots$ つまりゼロ以上の整数で

$$P(X=k) = \frac{\lambda^k}{k!} e^{-\lambda}$$

のとき,「確率変数 X の分布はパラメータ λ の**ポアソン分布**である」といい, 記号では $X \sim \text{Po}(\lambda)$ と書きます. 表で表すと

表 7.1　パラメータ λ のポアソン分布

X の値	0	1	$\cdots$	k	$\cdots$
確率	$e^{-\lambda}$	$\lambda e^{-\lambda}$	$\cdots$	$\dfrac{\lambda^k}{k!} e^{-\lambda}$	$\cdots$

となります. パラメータ $\lambda > 0$ は定数です.

$X \sim \text{Po}(\lambda)$ のとき, X の期待値と分散は (「やってみましょう」の② で示すように),

$$E(X) = \lambda, \quad V(X) = \lambda$$

です.

ポアソン分布は, ある交差点における交通事故の件数など, 1つ1つの試行で起こる確率は小さい (=交差点を通る車1台1台がその交差点で事故を起こす確率は小さい) が, その試行が独立にたくさん行われる (=その交差点を通る車の台数が多い) ような状況で**近似的に**現れます. これを定理として述べておきましょう.

定理 (ポアソンの少数の法則)

$\lambda > 0$ を1つ固定します. このとき, パラメータ n, $\dfrac{\lambda}{n}$ の2項分布 $\text{B}\left(n, \dfrac{\lambda}{n}\right)$ は n が大きいとき, ポアソン分布 $\text{Po}(\lambda)$ に近くなります. つまりゼロ以上の各整数 k に対し

$$\lim_{n\to\infty} {}_n\mathrm{C}_k \left(\frac{\lambda}{n}\right)^k \left(1-\frac{\lambda}{n}\right)^{n-k} = \frac{\lambda^k}{k!}e^{-\lambda}$$

が成り立ちます．

公式の使い方（例）

① X の分布 $=\mathrm{Po}(\lambda)$ とするとき，
  $P(X=0)$, $P(X=2)$ を求めてみましょう．

$$P(X=0) = \frac{\lambda^0}{0!}e^{-\lambda} = e^{-\lambda}$$

$$P(X=2) = \frac{\lambda^2}{2!}e^{-\lambda} = \frac{\lambda^2}{2}e^{-\lambda}$$

また，$P(X=3)=P(X=5)$ となる λ を求めましょう．

$$\frac{\lambda^3}{3!}e^{-\lambda} = \frac{\lambda^5}{5!}e^{-\lambda} \text{ より，}$$

$$\lambda^2 = 5\cdot 4 = 20$$

$\lambda > 0$ より，$\lambda = 2\sqrt{5}$

② ポアソン分布の全確率が1であること，つまり

$$\sum_{k=0}^{\infty} \frac{\lambda^k}{k!}e^{-\lambda} = 1$$

であることを確かめましょう．

$$\sum_{k=0}^{\infty} \frac{\lambda^k}{k!}e^{-\lambda} = e^{-\lambda}\sum_{k=0}^{\infty} \frac{\lambda^k}{k!} = e^{-\lambda}e^{\lambda} = e^0 = 1$$

$$e^x = \sum_{i=0}^{\infty} \frac{x^i}{i!}$$
（e^x のテイラー展開）

③ 1の目が出る確率が $\frac{1}{100}$ というサイコロを，独立に70回投げます．1の目が出た回数を X と記すとき

(1) X の分布は何でしょうか．

$$X \text{ の分布} = \mathrm{B}\left(70, \frac{1}{100}\right)$$

(2) ポアソン近似（ポアソンの少数の法則）を用いると，X の分布はパラメータがいくらのポアソン分布と近いでしょうか．

$$B\left(70, \frac{1}{100}\right) \fallingdotseq Po\left(70 \cdot \frac{1}{100}\right) = Po(0.7)$$

(3) ポアソン近似を用いて，$P(X=2)$ の近似値を求めましょう．

$$P(X=2) \fallingdotseq \frac{(0.7)^2}{2!} e^{-0.7}$$

> e^x のテイラー展開に $x=0.7$ を代入することにより，$e^{0.7} \fallingdotseq 2$ がわかります．これを覚えておくと便利です．

やってみましょう

① X の分布 $= Po(\lambda)$ とするとき，$P(X \leqq 2)$ を求めましょう．

$P(X \leqq 2) = P(X=0) + P(X=1) + P(X=2)$

$$= \boxed{} + \boxed{} + \boxed{} = e^{-\lambda} \left(\boxed{} \right)$$

② X の分布 $= Po(\lambda)$ のとき，$E(X) = \lambda$ および $V(X) = \lambda$ を示してみましょう．

$$E(X) = \sum_{k=0}^{\infty} k \frac{\lambda^k}{k!} e^{-\lambda} = e^{-\lambda} \sum_{k=1}^{\infty} k \frac{\lambda^k}{k!}$$

$$= e^{-\lambda} \sum_{k=1}^{\infty} \frac{\lambda^k}{(k-1)!}$$

> $k-1 = l$ とおき，$\lambda^k = \lambda \cdot \lambda^{k-1}$ であることに気をつけて変形します．

$$= \lambda e^{-\lambda} \sum_{l=\boxed{}}^{\infty} \frac{\boxed{}}{\boxed{}!} = \lambda e^{-\lambda} \boxed{} = \lambda \boxed{} = \boxed{}$$

また，

$$E[X(X-1)] = \sum_{k=0}^{\infty} k(k-1) \frac{\lambda^k}{k!} e^{-\lambda}$$

$$= e^{-\lambda} \sum_{k=2}^{\infty} k(k-1) \frac{\lambda^k}{k!}$$

$$= e^{-\lambda} \sum_{k=2}^{\infty} \frac{\lambda^k}{\boxed{}!}$$

$$= \boxed{} e^{-\lambda} \sum_{l=0}^{\infty} \frac{\lambda^l}{l!} = \boxed{}$$

よって

$$V(X)=E[X(X-1)]+E(X)-\{E(X)\}^2$$
$$=\boxed{}+\boxed{}-\boxed{}=\boxed{}$$

③ パチンコで，玉が1回当たり穴に入ったとき，さらに大当たり(777)になる確率が$\frac{1}{1000}$であるとします．n個の玉が当たり穴に入ったとき，大当たりが1回も出ない確率をp_nとしたときの，p_{700}，p_{1000}の近似値を求めてみましょう．

大当たりが出る回数をXと記すとき，Xの分布は

$$B\left(n,\frac{1}{1000}\right)\fallingdotseq Po\left(\boxed{}\right) \text{です．}$$

したがって

$$p_{700}\fallingdotseq e^{\boxed{}}\left(\fallingdotseq \frac{1}{2}\right)$$

$$p_{1000}\fallingdotseq \boxed{}$$

④ Xの分布が$Po(3)$，Yの分布が$Po(2)$で，X, Yは独立とします．このとき，$P(X\cdot Y=0)$, $P(X\cdot Y\leq 1)$, $P(X(X+Y)=1)$をそれぞれ求めましょう．

$$P(X\cdot Y=0)=P(X=0 \text{ または } Y=0)$$
$$=P(\boxed{})+P(\boxed{})-P(X=0 \text{ かつ } Y=0)$$
$$=P(\boxed{})+P(\boxed{})-P(\boxed{})P(\boxed{})$$
$$=\boxed{}$$

$$P(XY=1)=P(X=1 \text{ かつ } Y=1)$$
$$=P(X=1)P(Y=1)=\boxed{}e^{\boxed{}}\boxed{}e^{\boxed{}}=\boxed{}e^{\boxed{}}$$

よって

$$P(XY\leq 1)=P(XY=0)+P(XY=1)=\boxed{}$$

$P(X(X+Y)=1)=P(X=1 かつ X+Y=1)$

$=P(X=1 かつ Y=0)=P(\boxed{})P(\boxed{})$

$=\boxed{}=\boxed{}$

> X と $X+Y$ は独立ではないので
> $P(X=1 かつ X+Y=1)$
> $=P(X=1)P(X+Y=1)$
> としてはいけません.

練習問題

① $X \sim \mathrm{Po}(\lambda_1)$, $Y \sim \mathrm{Po}(\lambda_2)$ で, X と Y が独立のとき, $P(X=l \mid X+Y=k)$ を計算せよ. ただし k と l はゼロ以上の整数とする.

② X の分布が $\mathrm{Po}(3)$, Y の分布が $\mathrm{Po}(\lambda)$ とし, 2つの確率変数は独立とする. このとき, 次を求めよ.
 (1) $P(X=5)$　(2) $E(X)$, $E(Y)$, $E(X^2)$, $E(X(X-1)(X-2))$　(3) $P(XY=0)$
 (4) $P(X+2Y=0)$　(5) $E(Y!)$

③ ポアソンの少数の法則を証明せよ.

答え

やってみましょうの答え

① $P(X \leq 2) = \boxed{\dfrac{\lambda^0}{0!} \mathrm{e}^{-\lambda}} + \boxed{\dfrac{\lambda^1}{1!} \mathrm{e}^{-\lambda}} + \boxed{\dfrac{\lambda^2}{2!} \mathrm{e}^{-\lambda}} = \mathrm{e}^{-\lambda}\left(1 + \lambda + \dfrac{\lambda^2}{2}\right)$

② $E(X) = \lambda \mathrm{e}^{-\lambda} \sum_{l=\boxed{0}}^{\infty} \dfrac{\lambda^l}{l!} = \lambda \mathrm{e}^{-\lambda} \boxed{\mathrm{e}^{\lambda}} = \lambda \boxed{\mathrm{e}^0} = \boxed{\lambda}$

$E[X(X-1)] = \mathrm{e}^{-\lambda} \sum_{k=2}^{\infty} \dfrac{\lambda^k}{\boxed{(k-2)}!} = \boxed{\lambda^2} \mathrm{e}^{-\lambda} \sum_{l=0}^{\infty} \dfrac{\lambda^l}{l!} = \boxed{\lambda^2}$

$V(X) = \boxed{\lambda^2} + \boxed{\lambda} - \boxed{\lambda^2} = \boxed{\lambda}$

③ $\mathrm{B}\left(n, \dfrac{1}{1000}\right) \fallingdotseq \mathrm{Po}\left(\boxed{\dfrac{n}{1000}}\right)$

$p_{700} \fallingdotseq \mathrm{e}^{\boxed{-0.7}} \left(\fallingdotseq \dfrac{1}{2}\right)$, $p_{1000} \fallingdotseq \boxed{\dfrac{1}{\mathrm{e}}}$

④ $P(X \cdot Y = 0) = P(X=0 \text{ または } Y=0) = P(\boxed{X=0}) + P(\boxed{Y=0}) - P(X=0 \text{ かつ } Y=0)$

$= P(\boxed{X=0}) + P(\boxed{Y=0}) - P(\boxed{X=0})P(\boxed{Y=0}) = \boxed{\mathrm{e}^{-3} + \mathrm{e}^{-2} - \mathrm{e}^{-5}}$

$P(XY=1) = P(X=1 \text{ かつ } Y=1) = P(X=1)P(Y=1) = \boxed{3}\mathrm{e}^{\boxed{-3}} \boxed{2} \mathrm{e}^{\boxed{-2}} = \boxed{6} \mathrm{e}^{\boxed{-5}}$

よって

$P(XY \le 1) = P(XY=0) + P(XY=1) = \boxed{e^{-3} + e^{-2} + 5e^{-5}}$

$P(X(X+Y)=1) = P(X=1 \text{ かつ } X+Y=1)$
$= P(X=1 \text{ かつ } Y=0) = P(\boxed{X=1})P(\boxed{Y=0}) = \boxed{3e^{-3}e^{-2}} = \boxed{3e^{-5}}$

練習問題の答え

① $l > k$ の場合 $P(X=l \mid X+Y=k) = 0$，また $l \le k$ の場合

$$P(X=l \mid X+Y=k) = \frac{P(X=l,\ Y=k-l)}{P(X+Y=k)}$$

$$= \frac{\dfrac{\lambda_1^l}{l!}e^{-\lambda_1} \cdot \dfrac{\lambda_2^{k-l}}{(k-l)!}e^{-\lambda_2}}{\dfrac{(\lambda_1+\lambda_2)^k}{k!}e^{-(\lambda_1+\lambda_2)}} = {}_kC_l \left(\dfrac{\lambda_1}{\lambda_1+\lambda_2}\right)^l \left(\dfrac{\lambda_2}{\lambda_1+\lambda_2}\right)^{k-l}$$

② (1) $\dfrac{3^5}{5!}e^{-3}$

(2) $E(X)=3$, $E(Y)=\lambda$, $E(X^2)=3^2+3=12$, $E[X(X-1)(X-2)]=3^3=27$

(3) $P(X=0 \text{ または } Y=0) = P(X=0) + P(Y=0) - P(X=0,\ Y=0) = e^{-3} + e^{-\lambda} - e^{-(3+\lambda)}$

(4) $P(X=Y=0) = e^{-(3+\lambda)}$

(5) $\displaystyle\sum_{k=0}^{\infty} k! \cdot \dfrac{\lambda^k}{k!} e^{-\lambda} = \begin{cases} \dfrac{e^{-\lambda}}{1-\lambda} & (0<\lambda<1 \text{ のとき}) \\ \text{発散} & (\lambda \ge 1 \text{ のとき}) \end{cases}$

③ ${}_nC_k \left(\dfrac{\lambda}{n}\right)^k \left(1-\dfrac{\lambda}{n}\right)^{n-k} = \dfrac{n!}{k!(n-k)!} \cdot \dfrac{\lambda^k}{n^k} \cdot \left(1-\dfrac{\lambda}{n}\right)^n \left(1-\dfrac{\lambda}{n}\right)^{-k}$

$= \dfrac{\lambda^k}{k!} \left(1-\dfrac{\lambda}{n}\right)^n \cdot \left\{1 \cdot \dfrac{n-1}{n} \cdots \dfrac{n-k+1}{n}\right\} \cdot \left(1-\dfrac{\lambda}{n}\right)^{-k} \underset{n\to\infty}{\to} \dfrac{\lambda^k}{k!} e^{-\lambda} \cdot 1 \cdot 1$

8　1次元連続確率変数

定義と公式

離散確率変数と連続確率変数

前章までに解説したような，とり得る値がとびとびの確率変数のことを**離散確率変数**といいます．これに対し，

$$P(a \leq X \leq b) = \int_a^b f(x)\,\mathrm{d}x$$

が任意の2実数 a, b（ただし $a \leq b$）に対して成立するような関数 f が存在するとき，確率変数 X は**連続確率変数**であるといい，この関数 $f(x)$ を X の**確率密度関数**もしくは単に**密度関数**と呼びます．X の密度関数であることを明示するために，$f_X(x)$ と記すことも多くあります．

離散確率変数のシナリオ数（第1章および第2章の言葉を使うと，基となる標本空間の元の数）は有限もしくは数えられる無限（可算無限）ですが，連続確率変数はとり得る値の範囲が「すべての実数」や「区間上のすべての点」などになるので，シナリオ数は非可算無限となります．また，離散でも連続でもない確率変数も存在します．

連続確率変数の一般的性質

密度関数の直感的な意味は，確率変数 X の値が x と $x+\Delta x$ の間にある確率が

$$P(x \leq X \leq x+\Delta x) = \int_x^{x+\Delta x} f_X(u)\,\mathrm{d}u \fallingdotseq f_X(x)\,\Delta x$$

と近似できることです．重要な密度関数の具体形は，第9～12章で見ていきます．

連続確率変数 X およびその密度関数 $f_X(x)$ は一般的に次の性質をもちます．

1. $f_X(x)$ の値は常にゼロ以上である．

2. 全確率は1なので $\int_{-\infty}^{\infty} f_X(x)\,\mathrm{d}x = 1$．ただし，これ以降のいくつかの例に見られるように，$f_X(x)$ の値自体は1を超えるところがあってもかまわない．

3. 各実数 a に対し

$$P(X=a) = \int_a^a f_X(x)\,\mathrm{d}x = 0$$

なので，X の値が特定の1点となる確率はゼロである．

この3番目の性質により，任意の2実数 a, b（ただし $a \leq b$）に対して

$$P(a \leqq X \leqq b),$$
$$P(a < X \leqq b),$$
$$P(a \leqq X < b),$$
$$P(a < X < b)$$

という4つの確率はすべて等しいことがわかります．

独立性

2つの連続確率変数 X と Y を考えます．任意の a, b, c, d に対し

$$P(a \leqq X \leqq b,\ c \leqq Y \leqq d) = P(a \leqq X \leqq b)P(c \leqq Y \leqq d)$$

が成り立つとき，「X と Y は独立である」といいます．離散確率変数の場合は，独立性の定義として第2章での定義を用いても今回の定義を用いても同値ですが，連続確率変数の場合は少し違います．その理由は，連続確率変数が特定の1点を値としてとる確率がゼロなので，独立であるか否かにかかわらず

$$P(X = a,\ Y = b) = 0 = P(X = a)P(Y = b)$$

が成り立ってしまうからです．第2章での定義に近い感覚の定義を，密度関数を用いて与えることができますが，同時密度関数の概念が必要なので第13章で行うことにします．

連続確率変数の期待値と分散

実数値の連続確率変数 X の密度関数を $f_X(x)$ とするとき，X の期待値は

$$E(X) = \int_{-\infty}^{\infty} x f_X(x)\,\mathrm{d}x$$

で定義されます．x 軸を x_i たちで小分割すると，上式の右辺は前ページと同様に

$$\sum_i x_i P(x_i \leqq X \leqq x_{i+1})$$

と近似できますので，離散確率変数の場合と同じことだと理解できるでしょう．また分散は，離散型の場合と同様に

$$V(X) = E[\{X - E(X)\}^2]$$

で定義されるので，密度関数を用いて

$$V(X) = \int_{-\infty}^{\infty} \{x - E(X)\}^2 f_X(x)\,\mathrm{d}x$$

と書き表されます．

第3章で見た期待値や分散の性質は，この連続確率変数の場合にもそのまま成立します．

分布関数

一般に，実数値の確率変数（離散型でも連続型でもよい）X を考えるときに，関数

$$F_X(x) = P(X \leq x)$$

を定義することができます．これを X の**分布関数**（あるいは**累積分布関数**）といいます．分布関数は次の性質をもちます．

1. $F_X(x)$ は単調増加（正確には非減少）である．
2. $\lim_{x \to \infty} F_X(x) = 1$, $\lim_{x \to -\infty} F_X(x) = 0$
3. X が連続確率変数のとき，分布関数と密度関数の間には

$$F_X(x) = \int_{-\infty}^{x} f_X(u)\,du \quad \text{および} \quad \frac{dF_X(x)}{dx} = f_X(x)$$

   という関係式が成り立つ．

4. X が離散確率変数のとき，その分布関数はとびとびの値（x_i と記そう）のみで不連続的に増え，その他の点ではフラットであるような階段関数である．x_i における不連続増加の幅が $P(X = x_i)$ にほかならない．

ある連続確率変数 X をもとにして別の確率変数 Z を考え，Z の密度関数を求めるときには，直接計算するよりも，いったん Z の分布関数を先に計算してからそれを微分することによって密度関数を求める方がわかりやすいことが多いのです（次章以降に具体例あり）．

また，上の 3 番目の性質に基づいて「分布関数が微分可能となるような確率変数のことを連続確率変数という」という定義づけも可能です．

公式の使い方（例）

次の(1)～(3)の関数が確率変数 X の密度関数になるように定数 c を求め，その次に $P\left(X < \frac{1}{2}\right)$，分布関数 $F_X(x)$, $E(X)$, $V(X)$ をそれぞれ求めましょう．

(1) $f_X(x) = \begin{cases} cx^3 & (0 < x < 1) \\ 0 & (その他) \end{cases}$

全確率は 1 なので，

$$\int_0^1 cx^3\,dx = \frac{c}{4} = 1$$

$$\therefore c = 4$$

$$P\left(X < \frac{1}{2}\right) = \int_{-\infty}^{\frac{1}{2}} f_X(x)\,dx = \int_0^{\frac{1}{2}} 4x^3\,dx = \left[x^4\right]_0^{\frac{1}{2}} = \frac{1}{16}$$

$0 \leqq x \leqq 1$ に対しては
$$F_X(x) = \int_{-\infty}^{x} f_X(u) \, du = x^4,$$
$x \leqq 0$ では
$$F_X(x) = 0$$
$x \geqq 1$ では
$$F_X(x) = 1$$
$$E(X) = \int_0^1 x \cdot 4x^3 \, dx = \frac{4}{5}$$
$$E(X^2) = \int_0^1 x^2 \cdot 4x^3 \, dx = \frac{2}{3}$$
$$\therefore V(X) = E(X^2) - \{E(X)\}^2$$
$$= \frac{2}{3} - \left(\frac{4}{5}\right)^2 = \frac{2}{75}$$

(2) $f_X(x) = \begin{cases} \dfrac{c}{1+x} & (0 < x < 1) \\ 0 & (\text{その他}) \end{cases}$

全確率は 1 なので,
$$\int_0^1 \frac{c}{1+x} \, dx = c \Big[\log(1+x)\Big]_0^1 = c \log 2 = 1$$
$$\therefore c = \frac{1}{\log 2}$$
$$P\left(X < \frac{1}{2}\right) = \int_{-\infty}^{\frac{1}{2}} f_X(x) \, dx = \int_0^{\frac{1}{2}} \frac{c}{1+x} \, dx$$
$$= c \Big[\log(1+x)\Big]_0^{\frac{1}{2}} = \frac{\log\left(\frac{3}{2}\right)}{\log 2}$$

$0 < x < 1$ に対しては
$$F_X(x) = \int_{-\infty}^{x} f_X(u) \, du = \frac{\log(1+x)}{\log 2},$$
$x \leqq 0$ では

$$F_X(x)=0$$

$x \geq 1$ では

$$F_X(x)=1$$

$$E(X)=\int_0^1 x \cdot \frac{c}{1+x}dx = c\int_0^1 \left(1-\frac{1}{1+x}\right)dx$$
$$=c\Big[x-\log(1+x)\Big]_0^1 = \frac{1-\log 2}{\log 2}$$

$$E(X^2)=\int_0^1 x^2 \cdot \frac{c}{1+x}dx$$
$$=c\int_0^1 \left(x-1+\frac{1}{1+x}\right)dx$$
$$=c\left[\frac{x^2}{2}-x+\log(1+x)\right]_0^1 = \frac{\log 2 - \frac{1}{2}}{\log 2}$$

$$\therefore V(X)=E(X^2)-\{E(X)\}^2$$
$$=\frac{\log 2 - \frac{1}{2}}{\log 2} - \left(\frac{1-\log 2}{\log 2}\right)^2$$

(3) $f_X(x)=\begin{cases} \dfrac{c}{\sqrt{1-x^2}} & (0<x<1) \\ 0 & (その他) \end{cases}$

全確率は 1 なので,

$$\int_0^1 \frac{c}{\sqrt{1-x^2}}dx = \Big[c\sin^{-1}x\Big]_0^1 = \frac{\pi}{2}c = 1$$

$$\therefore c=\frac{2}{\pi}$$

$$P\left(X<\frac{1}{2}\right)=\int_{-\infty}^{\frac{1}{2}} f_X(x)dx = \frac{2}{\pi}\int_0^{\frac{1}{2}} \frac{1}{\sqrt{1-x^2}}dx$$
$$=\frac{2}{\pi}\Big[\sin^{-1}x\Big]_0^{\frac{1}{2}} = \frac{2}{\pi} \cdot \frac{\pi}{6} = \frac{1}{3}$$

$0<x<1$ に対しては

$$F_X(x)=\int_{-\infty}^x f_X(u)\,\mathrm{d}u=c\int_0^x \frac{1}{\sqrt{1-u^2}}\,\mathrm{d}u=\frac{2}{\pi}\sin^{-1}x,$$

$x\leqq 0$ では

$$F_X(x)=0$$

$x\geqq 1$ では

$$F_X(x)=1$$

$$E(X)=\int_0^1 \frac{2x}{\pi\sqrt{1-x^2}}\,\mathrm{d}x$$

$x=\sin\theta$ で置換を行うと，

$$\frac{2}{\pi}\int_0^{\frac{\pi}{2}}\frac{\sin\theta}{\cos\theta}\cdot\cos\theta\,\mathrm{d}\theta=\frac{2}{\pi}\int_0^{\frac{\pi}{2}}\sin\theta\,\mathrm{d}\theta=\frac{2}{\pi}$$

$$E(X^2)=\int_0^1 \frac{2x^2}{\pi\sqrt{1-x^2}}\,\mathrm{d}x$$

$x=\sin\theta$ で置換を行うと，

$$\frac{2}{\pi}\int_0^{\frac{\pi}{2}}\sin^2\theta\,\mathrm{d}\theta=\frac{1}{\pi}\int_0^{\frac{\pi}{2}}(1-\cos 2\theta)\,\mathrm{d}\theta$$

$$=\frac{1}{\pi}\left[\theta-\frac{1}{2}\sin 2\theta\right]_0^{\frac{\pi}{2}}=\frac{1}{\pi}\cdot\frac{\pi}{2}=\frac{1}{2}$$

$$\therefore V(X)=E(X^2)-\{E(X)\}^2=\frac{1}{2}-\frac{4}{\pi^2}$$

やってみましょう

次の(1)～(3)の関数が確率変数 X の密度関数になるように定数 c を求め，その次に $P(X<\sqrt{3})$，$E(X)$，$V(X)$ をそれぞれ求めましょう．また，(1), (2)については，分布関数 $F_X(x)$ も求めましょう．

(1) $f_X(x)=\begin{cases} cx^{-1} & (1<x<2) \\ 0 & (その他) \end{cases}$

全確率は1なので，

$$1=\int_1^2 \frac{c}{x}\,dx = c\left[\log x\right]_1^2 = c\log 2$$

$$\therefore c = \frac{1}{\log 2}$$

$$P(X<\sqrt{3})=\int_1^{\sqrt{3}} f_X(x)\,dx$$

$$=\int_1^{\sqrt{3}} \frac{1}{x\log 2}\,dx = \left[\frac{\log x}{\log 2}\right]_1^{\sqrt{3}} = \frac{\log 3}{2\log 2}$$

$1<x<2$ に対しては

$$F_X(x)=\int_{-\infty}^{x} f_X(u)\,du = \frac{\log x}{\log 2}$$

$x\leq 1$ では

$$F_X(x)=0$$

$x\geq 2$ では

$$F_X(x)=1$$

$$E(X)=\int_1^2 x\left(\frac{1}{x\log 2}\right)dx = \frac{1}{\log 2}$$

$$E(X^2)=\int_1^2 x^2\left(\frac{1}{x\log 2}\right)dx = \frac{1}{\log 2}\left[\frac{x^2}{2}\right]_1^2 = \frac{3}{2\log 2}$$

$$\therefore V(X) = E(X^2) - \{E(X)\}^2 = \boxed{} - \left(\boxed{}\right)^2$$

(2) $f_X(x) = \begin{cases} \dfrac{c}{1+x^2} & (0 < x < 1) \\ 0 & (その他) \end{cases}$

$$1 = \int_0^1 \frac{c}{1+x^2} dx = c\left[\tan^{-1} x\right]_0^1 = c\boxed{}$$

> $\tan^{-1} x$ は，$\tan x$ の逆関数つまり
> $x = \tan y \left(-\dfrac{\pi}{2} \leq y \leq \dfrac{\pi}{2}\right)$ を満たす y

$$\therefore c = \boxed{}$$

$0 < x < 1$ に対しては

$$F_X(x) = \int_{-\infty}^x f_X(u) du = c\int_0^x \frac{1}{1+u^2} du = \left(\boxed{}\right)\tan^{-1} x,$$

$x \leq 0$ では

$$F_X(x) = 0$$

$x \geq 1$ では

$$F_X(x) = 1$$

$$P(X < \sqrt{3}) = \int_{-\infty}^{\sqrt{3}} f_X(x) dx = \int_0^1 \frac{c}{1+x^2} dx = \boxed{} \quad (1 < \sqrt{3} \text{ より})$$

$$E(X) = \int_0^1 x \cdot \frac{c}{1+x^2} dx = c\left[\boxed{}\right]_0^1 = \boxed{}$$

$$E(X^2) = \int_0^1 x^2 \cdot \frac{c}{1+x^2} dx = c\int_0^1 \left(1 - \frac{1}{1+x^2}\right) dx$$

$$= c\left[\boxed{}\right]_0^1 = \boxed{} = \boxed{}$$

$$\therefore V(X) = E(X^2) - \{E(X)\}^2 = \boxed{} - \left(\boxed{}\right)^2$$

(3) $f_X(x) = \begin{cases} c\sqrt{2^2 - x^2} & (-2 < x < 2) \\ 0 & (その他) \end{cases}$

$$\int_{-2}^{2} c\sqrt{2^2-x^2}\,dx = c\boxed{} \quad \text{(半径2の半円の面積を考えよ)}$$

$$\therefore c = \boxed{}$$

$$P(X<\sqrt{3}) = c\int_{-2}^{\sqrt{3}}\sqrt{2^2-x^2}\,dx$$

$$= c\int_{-\frac{\pi}{2}}^{\frac{\pi}{3}} \boxed{}\,d\theta = 4c\int_{-\frac{\pi}{2}}^{\frac{\pi}{3}}\frac{1+\boxed{}}{2}\,d\theta$$

$$= 2c\left[\boxed{}\right]_{-\frac{\pi}{2}}^{\frac{\pi}{3}} = c\left(\boxed{}\right)$$

$$= \boxed{}\left(\boxed{}\right)$$

$x = 2\sin\theta$ とおきます．

$$E(X) = c\int_{-2}^{2} x\sqrt{2^2-x^2}\,dx = 0, \quad \text{(被積分関数は奇関数，つまり原点対称なので)}$$

$$E(X^2) = c\int_{-2}^{2} x^2\sqrt{2^2-x^2}\,dx = c\int_{-\frac{\pi}{2}}^{\frac{\pi}{2}} (2\sin\theta)^2\sqrt{2^2-2^2\sin^2\theta}\,2\cos\theta\,d\theta$$

$$= 2^5 c\int_0^{\frac{\pi}{2}} \boxed{}\,d\theta = 2^4 c B\left(\frac{3}{2}, \frac{3}{2}\right)$$

B はベータ関数（第12章参照）です．

$$= 2^4 c\frac{\Gamma\left(\frac{3}{2}\right)\Gamma\left(\frac{3}{2}\right)}{\Gamma(3)} = 2^4 c\frac{\left(\frac{1}{2}\right)\sqrt{\pi}\left(\frac{1}{2}\right)\sqrt{\pi}}{2} = \boxed{}$$

$$\therefore V(X) = E(X^2) - \{E(X)\}^2 = \boxed{} - \boxed{}^2 = \boxed{}$$

練習問題

① 次の(1)〜(6)の関数が確率変数 X の密度関数になるように定数 c を求め，その次に $P\left(X<\frac{1}{2}\right)$, 分布関数 $F_X(x)$, $E(X)$, $V(X)$ をそれぞれ求めよ．

(1) $f_X(x) = \begin{cases} c(1-x^2) & (-1<x<1) \\ 0 & \text{(その他)} \end{cases}$

(2) $f_X(x) = \begin{cases} \dfrac{cx}{(1+x^2)^2} & (0<x<1) \\ 0 & \text{(その他)} \end{cases}$

(3) $f_X(x) = \begin{cases} \dfrac{c}{4-x^2} & (0<x<1) \\ 0 & (その他) \end{cases}$ 　　(4) $f_X(x) = \begin{cases} \dfrac{c\log x}{x} & (1<x<e) \\ 0 & (その他) \end{cases}$

(5) $f_X(x) = \begin{cases} c\tan^{-1} x & (0<x<1) \\ 0 & (その他) \end{cases}$ 　　(6) $f_X(x) = \begin{cases} \dfrac{c}{x^2-x+1} & (0<x<1) \\ 0 & (その他) \end{cases}$

② 確率変数 X の密度関数は
$$f_X(x) = \begin{cases} bx^2+cx & (0<x<1) \\ 0 & (その他) \end{cases}$$
である，ただし b と c は定数（正とは限らない）．このとき b と c が満たす関係式をすべて求めよ．

また，b と c の値が変われば $E(X)$ の値も変わる．b と c を動かすときの，$E(X)$ の最大値と最小値を求めよ．

③ X の確率密度関数 $f_X(x)$ が次のように与えられているとき，以下の(1)〜(7)を求めよ．
$$f_X(x) = \begin{cases} cxe^{-x^2} & (x\geq 0) \\ 0 & (x<0) \end{cases} \quad (\text{マクスウェル・ボルツマンの気体分子の速度分布と呼ばれる})$$

(1) 定数 c 　　(2) $P(2\leq X\leq 3)$ 　　(3) $E(X^2)$ 　　(4) $E(e^{-X^2})$

(5) $E\left(\dfrac{1}{1+e^{-X^2}}\right)$ 　　(6) 分布関数 $F_X(t) = P(X\leq t)$

(7) Y の分布 $= X$ の分布，X と Y は独立のとき，$Z=\max(X, Y)$ の密度関数 $f_Z(z)$

答え

やってみましょうの答え

(1) $\displaystyle\int_1^2 \boxed{cx^{-1}}\, dx = c\boxed{\Big[\log x\Big]_1^2} = c\boxed{\log 2} \qquad \therefore c = \boxed{\dfrac{1}{\log 2}}$

$P(X<\sqrt{3}) = \displaystyle\int_1^{\sqrt{3}} f_X(x)\,dx = \int_1^{\sqrt{3}} \boxed{\dfrac{1}{x\log 2}}\,dx = \boxed{\left[\dfrac{\log x}{\log 2}\right]_1^{\sqrt{3}}} = \boxed{\dfrac{\log 3}{2\log 2}}$

$1<x<2$ に対しては $F_X(x) = \displaystyle\int_{-\infty}^x f_X(u)\,du = \boxed{\dfrac{\log x}{\log 2}}$

$E(X) = \displaystyle\int_1^2 x\left(\boxed{\dfrac{1}{x\log 2}}\right)dx = \boxed{\dfrac{1}{\log 2}}$

$E(X^2) = \displaystyle\int_1^2 x^2\left(\boxed{\dfrac{1}{x\log 2}}\right)dx = \dfrac{1}{\log 2}\boxed{\left[\dfrac{x^2}{2}\right]_1^2} = \boxed{\dfrac{3}{2\log 2}}, \quad \therefore V(X) = \boxed{\dfrac{3}{2\log 2}} - \left(\boxed{\dfrac{1}{\log 2}}\right)^2$

(2) $\int_0^1 \frac{c}{1+x^2} dx = c\left[\tan^{-1}x\right]_0^1 = c\boxed{\frac{\pi}{4}}$ $\qquad \therefore c = \boxed{\frac{4}{\pi}}$

$0 < x < 1$ に対しては $F_X(x) = \int_{-\infty}^x f_X(u) du = c\int_0^x \frac{1}{1+u^2} du = \left(\boxed{\frac{4}{\pi}}\right) \tan^{-1}x,$

$P(X < \sqrt{3}) = \int_{-\infty}^{\sqrt{3}} f_X(x) dx = \int_0^1 \frac{c}{1+x^2} dx = \boxed{1}$ $(1 < \sqrt{3}$ より$)$

$E(X) = \int_0^1 x \cdot \frac{c}{1+x^2} dx = c\left[\boxed{\frac{1}{2}\log(1+x^2)}\right]_0^1 = \boxed{\frac{2\log 2}{\pi}}$

$E(X^2) = \int_0^1 x^2 \cdot \frac{c}{1+x^2} dx = c\int_0^1 \left(1 - \frac{1}{1+x^2}\right) dx = c\left[\boxed{x - \tan^{-1}x}\right]_0^1 = \boxed{\frac{4}{\pi}}\boxed{\left(1 - \frac{\pi}{4}\right)} = \boxed{\frac{4}{\pi} - 1}$

$\therefore V(X) = \boxed{\frac{4}{\pi} - 1} - \left(\boxed{\frac{2\log 2}{\pi}}\right)^2$

(3) $\int_{-2}^2 c\sqrt{2^2 - x^2} dx = c\boxed{2\pi}$ $\qquad \therefore c = \boxed{\frac{1}{2\pi}}$

$P(X < \sqrt{3}) = c\int_{-2}^{\sqrt{3}} \sqrt{2^2 - x^2} dx$

$\qquad = c\int_{-\frac{\pi}{2}}^{\frac{\pi}{3}} \boxed{2\cos\theta}\boxed{2\cos\theta} d\theta = 4c\int_{-\frac{\pi}{2}}^{\frac{\pi}{3}} \frac{1+\boxed{\cos 2\theta}}{2} d\theta$

$\qquad = 2c\left[\boxed{\theta + \frac{1}{2}\sin 2\theta}\right]_{-\frac{\pi}{2}}^{\frac{\pi}{3}} = c\left(\boxed{\frac{5}{3}\pi + \frac{\sqrt{3}}{2}}\right) = \boxed{\frac{1}{2\pi}}\left(\boxed{\frac{5}{3}\pi + \frac{\sqrt{3}}{2}}\right)$

$E(X) = 0$, $E(X^2) = c\int_{-2}^2 x^2\sqrt{2^2-x^2} dx = 2^5 c\int_0^{\frac{\pi}{2}} \boxed{\sin^2\theta\cos^2\theta} d\theta = \boxed{1}$

$\therefore V(X) = \boxed{1} - \boxed{0}^2 = \boxed{1}$

練習問題の答え

① (1) $c\int_{-1}^1 (1-x^2) dx = 2c\int_0^1 (1-x^2) dx = 2c\left(\frac{2}{3}\right) = \frac{4c}{3} = 1$, $\therefore c = \frac{3}{4}$

$P\left(X < \frac{1}{2}\right) = c\int_{-1}^{\frac{1}{2}} (1-x^2) dx = c\left[x - \frac{x^3}{3}\right]_{-1}^{\frac{1}{2}} = \frac{27}{32}$

$-1 < x < 1$ に対しては $F_X(x) = \int_{-\infty}^x f_X(u) du = c\int_{-1}^x (1-u^2) du = \frac{3}{4}\left(x + 1 - \frac{x^3+1}{3}\right)$,

$x \leq -1$ では $F_X(x) = 0$, $x \geq 1$ では $F_X(x) = 1$.

$E(X) = 0$, $E(X^2) = c\int_{-1}^1 x^2(1-x^2) dx = 2c\int_0^1 (x^2 - x^4) dx = \frac{1}{5}$

$\therefore V(X) = E(X^2) - \{E(X)^2\} = \frac{1}{5}$

(2) $\int_0^1 \dfrac{cx}{(1+x^2)^2}\,dx = \dfrac{c}{2}\int_1^2 \dfrac{1}{u^2}\,du = \dfrac{c}{2}\left[-\dfrac{1}{u}\right]_1^2 = \dfrac{c}{4}$, ∴ $c=4$

$P\left(X<\dfrac{1}{2}\right) = \int_{-\infty}^{\frac{1}{2}} f_X(x)\,dx = 4\int_0^{\frac{1}{2}} \dfrac{x}{(1+x^2)^2}\,dx = 2\int_1^{\frac{5}{4}} \dfrac{1}{u^2}\,du = 2\left[-\dfrac{1}{u}\right]_1^{\frac{5}{4}} = \dfrac{2}{5}$

$0<x<1$ に対しては $F_X(x) = \int_{-\infty}^x f_X(u)\,du = c\int_0^x \dfrac{u}{(1+u^2)^2}\,du = \dfrac{c}{2}\left[-(1+u^2)^{-1}\right]_0^x = \dfrac{2x^2}{1+x^2}$,

$x\leq 0$ では $F_X(x)=0$, $x\geq 1$ では $F_X(x)=1$

$E(X) = 4\int_0^1 x\dfrac{x}{(1+x^2)^2}\,dx = 4\int_0^{\frac{\pi}{4}} \dfrac{\tan^2\theta}{(1+\tan^2\theta)^2}\dfrac{1}{\cos^2\theta}\,d\theta = 4\int_0^{\frac{\pi}{4}}\sin^2\theta\,d\theta = 4\int_0^{\frac{\pi}{4}} \dfrac{1-\cos 2\theta}{2}\,d\theta$

$= \dfrac{\pi}{2} - \left[\sin 2\theta\right]_0^{\frac{\pi}{4}} = \dfrac{\pi}{2} - 1$

$E(X^2) = 4\int_0^1 x^2\dfrac{x}{(1+x^2)^2}\,dx = 2\int_1^2 \dfrac{u-1}{u^2}\,du = 2\log 2 - 1$

$V(X) = E(X^2) - \{E(X)\}^2 = 2\log 2 - 1 - \left\{\left(\dfrac{\pi}{2}\right)-1\right\}^2$

(3) $\int_0^1 \dfrac{c}{4-x^2}\,dx = \dfrac{c}{4}\int_0^1\left(\dfrac{1}{2-x}+\dfrac{1}{2+x}\right)dx = \dfrac{c}{4}\left[\log\left|\dfrac{2+x}{2-x}\right|\right]_0^1 = \dfrac{c}{4}\log 3$, ∴ $c = \dfrac{4}{\log 3}$

$P\left(X<\dfrac{1}{2}\right) = \int_{-\infty}^{\frac{1}{2}} f_X(x)\,dx = \dfrac{c}{4}\int_0^{\frac{1}{2}}\left(\dfrac{1}{2-x}+\dfrac{1}{2+x}\right)dx = \dfrac{c}{4}\left[\log\left|\dfrac{2+x}{2-x}\right|\right]_0^{\frac{1}{2}} = \dfrac{\log\frac{5}{3}}{\log 3}$

$0<x<1$ に対しては

$F_X(x) = \int_{-\infty}^x f_X(u)\,du = \log\left|\dfrac{2+x}{2-x}\right|/\log 3$,

$E(X) = c\int_0^1 x\dfrac{1}{4-x^2}\,dx = -\dfrac{c}{2}\left[\log|4-x^2|\right]_0^1 = \dfrac{2\log\frac{4}{3}}{\log 3}$

$E(X^2) = c\int_0^1 x^2\dfrac{1}{4-x^2}\,dx = c\int_0^1\left(-1+\dfrac{4}{4-x^2}\right)dx = -\dfrac{4}{\log 3} + 4$

∴ $V(X) = E(X^2) - \{E(X)\}^2 = -\dfrac{4}{\log 3} + 4 - \left(\dfrac{2\log\frac{4}{3}}{\log 3}\right)^2$

(4) $\int_1^e \dfrac{c\log x}{x}\,dx = c\int_0^1 u\,du = \dfrac{c}{2} = 1$, ∴ $c=2$

$P\left(X<\dfrac{1}{2}\right) = \int_{-\infty}^{\frac{1}{2}} f_X(x)\,dx = 0$

$1<x<e$ に対しては $F_X(x) = \int_{-\infty}^x f_X(u)\,du = 2\int_1^x \dfrac{\log u}{u}\,du = (\log x)^2$

$x\leq 1$ では $F_X(x)=0$, $x\geq e$ では $F_X(x)=1$

$E(X) = 2\int_1^e x\dfrac{\log x}{x}\,dx = 2\left[x\log x - x\right]_1^e = 2$

$$E(X^2)=2\int_1^e x^2\frac{\log x}{x}\,dx=2\left[\frac{x^2}{2}\log x-\frac{x^2}{4}\right]_1^e=\frac{e^2+1}{2}$$

$$\therefore V(X)=E(X^2)-\{E(X)\}^2=\frac{e^2+1}{2}-4$$

(5) $\displaystyle\int_0^1 c\tan^{-1}x\,dx=c\int_0^1 (x)'\tan^{-1}x\,dx=c\left(\left[x\tan^{-1}x\right]_0^1-\int_0^1\frac{x}{1+x^2}\,dx\right)$

$=c\left(\dfrac{\pi}{4}-\left[\dfrac{1}{2}\log|1+x^2|\right]_0^1\right)=c\left(\dfrac{\pi}{4}-\dfrac{1}{2}\log 2\right)=1,\quad \therefore c=\dfrac{1}{\dfrac{\pi}{4}-\dfrac{1}{2}\log 2}$

$P\left(X<\dfrac{1}{2}\right)=\displaystyle\int_{-\infty}^{\frac{1}{2}}f_X(x)\,dx=\int_0^{\frac{1}{2}}c\tan^{-1}x\,dx=c\int_0^{\frac{1}{2}}(x)'\tan^{-1}x\,dx$

$=c\left(\left[x\tan^{-1}x\right]_0^{\frac{1}{2}}-\displaystyle\int_0^{\frac{1}{2}}\dfrac{x}{1+x^2}\,dx\right)=c\left\{\left(\dfrac{1}{2}\tan^{-1}\dfrac{1}{2}\right)-\left[\dfrac{1}{2}\log|1+x^2|\right]_0^{\frac{1}{2}}\right\}$

$=c\left(\dfrac{1}{2}\tan^{-1}\dfrac{1}{2}-\dfrac{1}{2}\log\dfrac{5}{4}\right)$

$0<x<1$ として $F_X(x)=\displaystyle\int_{-\infty}^x f_X(u)\,du=c\int_0^x \tan^{-1}u\,du=c\left(x\tan^{-1}x-\dfrac{1}{2}\log(1+x^2)\right)$,

$x\leq 0$ では $F_X(x)=0$, $x\geq 1$ では $F_X(x)=1$

$E(X)=\displaystyle\int_0^1 cx\tan^{-1}x\,dx=c\int_0^1\left(\dfrac{x^2}{2}\right)'\tan^{-1}x\,dx=c\left(\left[\dfrac{x^2}{2}\tan^{-1}x\right]_0^1-\int_0^1\dfrac{\frac{x^2}{2}}{1+x^2}\,dx\right)$

$=c\left(\dfrac{\pi}{8}-\left[\dfrac{1}{2}x-\dfrac{1}{2}\tan^{-1}x\right]_0^1\right)=c\left(\dfrac{\pi}{8}-\left(\dfrac{1}{2}-\dfrac{\pi}{8}\right)\right)=c\left(\dfrac{\pi}{4}-\dfrac{1}{2}\right)$

$E(X^2)=\displaystyle\int_0^1 cx^2\tan^{-1}x\,dx=c\int_0^1\left(\dfrac{x^3}{3}\right)'\tan^{-1}x\,dx=c\left(\left[\dfrac{x^3}{3}\tan^{-1}x\right]_0^1-\int_0^1\dfrac{\frac{x^3}{3}}{1+x^2}\,dx\right)$

$=c\left(\dfrac{\pi}{12}-\left[\dfrac{1}{3}\dfrac{x^2}{2}-\dfrac{1}{6}\log|1+x^2|\right]_0^1\right)=c\left(\dfrac{\pi}{12}-\dfrac{1}{6}+\dfrac{1}{6}\log 2\right)$

$\therefore V(X)=E(X^2)-\{E(X)\}^2=c\left(\dfrac{\pi}{12}-\dfrac{1}{6}+\dfrac{1}{6}\log 2\right)-\left\{c\left(\dfrac{\pi}{4}-\dfrac{1}{2}\right)\right\}^2$

(6) $\displaystyle\int_0^1 \dfrac{c}{\left(x-\frac{1}{2}\right)^2+\frac{3}{4}}\,dx=c\sqrt{\dfrac{4}{3}}\left[\tan^{-1}\dfrac{x-\frac{1}{2}}{\sqrt{\frac{3}{4}}}\right]_0^1=c\sqrt{\dfrac{4}{3}}\left(\tan^{-1}\dfrac{1}{\sqrt{3}}-\tan^{-1}\dfrac{1}{-\sqrt{3}}\right)$

$=c\sqrt{\dfrac{4}{3}}\dfrac{\pi}{3}\qquad \therefore c=\dfrac{3\sqrt{3}}{2\pi}$

$P\left(X<\dfrac{1}{2}\right)=\displaystyle\int_{-\infty}^{\frac{1}{2}}f_X(x)\,dx=\int_0^{\frac{1}{2}}\dfrac{c}{\left(x-\frac{1}{2}\right)^2+\frac{3}{4}}\,dx=c\sqrt{\dfrac{4}{3}}\left[\tan^{-1}\dfrac{x-\frac{1}{2}}{\sqrt{\frac{4}{3}}}\right]_0^{\frac{1}{2}}$

$=c\sqrt{\dfrac{4}{3}}\left(0-\tan^{-1}\dfrac{1}{-\sqrt{3}}\right)=c\sqrt{\dfrac{4}{3}}\dfrac{\pi}{6}=\dfrac{1}{2}$

$0 < x < 1$ に対しては $F_X(x) = \int_{-\infty}^{x} f_X(u)\,du = \left(\dfrac{3}{\pi}\tan^{-1}\dfrac{x-\dfrac{1}{2}}{\sqrt{\dfrac{3}{4}}}\right) + \dfrac{1}{2}$,

$x \leq 0$ では $F_X(x) = 0$, $x \geq 1$ では $F_X(x) = 1$.

$$E(X) = \int_0^1 x\dfrac{c}{(x^2-x+1)}\,dx = c\int_0^1 \dfrac{x-\dfrac{1}{2}+\dfrac{1}{2}}{(x^2-x+1)}\,dx = \dfrac{c}{2}\Big[\log(x^2-x+1)\Big]_0^1 + \dfrac{1}{2} = \dfrac{1}{2}$$

$$E(X^2) = \int_0^1 x^2\dfrac{c}{(x^2-x+1)}\,dx = c\int_0^1 1 + \dfrac{x-\dfrac{1}{2}-\dfrac{1}{2}}{(x^2-x+1)}\,dx = c - \dfrac{1}{2}$$

$\therefore V(X) = E(X^2) - \{E(X)\}^2 = \dfrac{3\sqrt{3}}{2\pi} - \dfrac{1}{2} - \left(\dfrac{1}{2}\right)^2 = \dfrac{3\sqrt{3}}{2\pi} - \dfrac{3}{4}$

② $\int_0^1 f_X(x)\,dx = 1$ より, $\dfrac{b}{3} + \dfrac{c}{2} = 1$. また, $0 < x < 1$ で $f_X(x) \geq 0$ より $c \geq 0$

かつ $b + c \geq 0$. つまり まとめると, $\dfrac{b}{3} + \dfrac{c}{2} = 1$ かつ $-6 \leq b \leq 3$

$E(X) = \int_0^1 x f_X(x)\,dx = \dfrac{b}{4} + \dfrac{c}{3} = \dfrac{b}{36} + \dfrac{2}{3}$, よって $E(X)$ の最大値は $\dfrac{3}{4}$, 最小値は $\dfrac{1}{2}$.

③ (1) $1 = \int_{-\infty}^{\infty} f_X(x)\,dx = c\int_0^{\infty} xe^{-x^2}\,dx = c\Big[-\dfrac{1}{2}e^{-x^2}\Big]_0^{\infty} = \dfrac{c}{2}$ $\therefore c = 2$

(2) $2\int_2^3 xe^{-x^2}\,dx = \Big[-e^{-x^2}\Big]_2^3 = e^{-4} - e^{-9}$ (3) $2\int_0^{\infty} x^3 e^{-x^2}\,dx = \int_0^{\infty} ue^{-u}\,du$ ($u = x^2$ と置換)

$= \Big[-ue^{-u}\Big]_0^{\infty} + \int_0^{\infty} e^{-u}\,du = 1$ (4) $2\int_0^{\infty} e^{-x^2}xe^{-x^2}\,dx = \dfrac{1}{2}\int_0^{\infty} e^{-u}\,du = \dfrac{1}{2}$

(5) $2\int_0^{\infty} \dfrac{x}{1+e^{-x^2}}e^{-x^2}\,dx = \int_1^0 -\dfrac{1}{1+u}\,du = \log 2$ (6) $t > 0$ として, $F_X(t) = P(X \leq t) =$

$2\int_0^t xe^{-x^2}\,dx = 1 - e^{-t^2}$ (7) $z > 0$ として, $F_Z(z) = P(Z \leq z) = P(\max(X, Y) \leq z) =$

$P(X \leq z$ かつ $Y \leq z) = P(X \leq z)P(Y \leq z) = (1-e^{-z^2})^2$, 両辺を z で微分して

$f_Z(z) = \begin{cases} 4ze^{-z^2}(1-e^{-z^2}) & (z > 0) \\ 0 & (z \leq 0) \end{cases}$

9 一様分布

定義と公式

一様分布 $U(a, b)$

確率変数 X の密度関数が

$$f_X(x) = \begin{cases} \dfrac{1}{b-a} & (a<x<b) \\ 0 & (その他) \end{cases}$$

(ただし a, b は定数で，$a<b$ を満たす)のとき，「確率変数 X の分布は，区間 (a, b) 上の**一様分布である**」もしくは「確率変数 X は，区間 (a, b) 上の一様分布に従う」といいます．記号を用いて「X の分布 $= U(a, b)$」や「$X \sim U(a, b)$」と記すこともあります．区間 (a, b) からランダムに 1 点取り出すことに対応しています．

区間 (a, b) 上の一様分布に従う確率変数 X の期待値と分散は，以下の「公式の使い方」の ② で示すように

$$E(X) = \frac{a+b}{2}, \quad V(X) = \frac{(b-a)^2}{12}$$

です．

なお $b-a<1$ の場合は，$a<x<b$ における密度関数の値は 1 を超えています．

公式の使い方（例）

① $X \sim U(0, 1)$ とする．$P\left(X \geq \dfrac{1}{4}\right)$ を求めましょう．

$$P\left(X \geq \frac{1}{4}\right) = \int_{\frac{1}{4}}^{\infty} f(x)dx = \int_{\frac{1}{4}}^{1} dx = 1 - \frac{1}{4} = \frac{3}{4}$$

② $X \sim U(a, b)$ とする．X の期待値と分散を，次の手順でそれぞれ計算してみましょう．

$$E(X) = \int_{-\infty}^{\infty} x f(x) dx = \int_{a}^{b} x \frac{1}{b-a} dx = \left(\frac{1}{b-a}\right)\left[\frac{x^2}{2}\right]_a^b = \frac{a+b}{2}$$

$$E(X^2) = \int_{-\infty}^{\infty} x^2 f(x) dx = \int_{a}^{b} \frac{x^2}{b-a} dx = \frac{1}{b-a}\left[\frac{x^3}{3}\right]_a^b = \frac{a^2+ab+b^2}{3}$$

$$\therefore V(X) = E(X^2) - \{E(X)\}^2 = \frac{a^2+ab+b^2}{3} - \left(\frac{a+b}{2}\right)^2 = \frac{(b-a)^2}{12}$$

③ X と Y は互いに独立で，ともに区間$(0, 1)$上の一様分布に従うとします．このとき $Z = \max\{X, Y\}$ の密度関数を求めましょう．また，$P\left(X<\frac{1}{2} \text{ かつ } X<\frac{2}{3}\right)$ および $P\left(X<\frac{1}{2} \text{ かつ } Y<\frac{2}{3}\right)$ も計算してみましょう．

明らかに $P(0<Z<1)=1$

$0<x<1$ として $F_Z(x) = P(Z<x) = P(\max\{X, Y\}<x) = P(X<x \text{ かつ } Y<x) =$
$P(X<x)P(Y<x) = \int_0^x du \int_0^x dv = x^2$

両辺を x で微分して

$f_Z(x) = \frac{d}{dx} F_Z(x) = 2x \quad (0<x<1)$

$P\left(X<\frac{1}{2} \text{ かつ } X<\frac{2}{3}\right) = P\left(X<\frac{1}{2}\right) = \frac{1}{2}$

$P\left(X<\frac{1}{2} \text{ かつ } Y<\frac{2}{3}\right) = P\left(X<\frac{1}{2}\right)P\left(Y<\frac{2}{3}\right) = \frac{1}{2} \cdot \frac{2}{3} = \frac{1}{3}$

> 事象 $X<\frac{1}{2}$ と事象 $X<\frac{2}{3}$ は独立でないので $P\left(X<\frac{1}{2}\right)P\left(X<\frac{2}{3}\right)$ と変形してはいけません．

やってみましょう

① $X \sim U(0, 1)$ とします．
$P\left(\frac{1}{2} \leq X \leq \frac{2}{3}\right)$, $E(X^3)$, $V(X^3)$ を求めましょう．

$$P\left(\frac{1}{2} \leq X \leq \frac{2}{3}\right) = \int_{\frac{1}{2}}^{\frac{2}{3}} f(x) dx$$

$$= \int_{\frac{1}{2}}^{\frac{2}{3}} dx = \left(\boxed{} - \boxed{}\right) = \boxed{}$$

$$E(X^3) = \int_{-\infty}^{\infty} x^3 f(x) dx = \int_0^1 \boxed{} dx = \boxed{}$$

$$E[(X^3)^2] = \int_0^1 x^6 dx = \boxed{}$$

$$\therefore V(X^3) = E(X^6) - \{E(X^3)\}^2 = \boxed{} - \left(\boxed{}\right)^2 = \boxed{}$$

② $X \sim U(a, b)$ とします．$E(e^{tX})$, $E(Xe^{tX})$ を求めましょう．

$$E(e^{tX}) = \int_a^b e^{tx} \frac{1}{b-a} dx$$

$$= \left[\boxed{} e^{tx} \right]_a^b = \boxed{}$$

$$E(Xe^{tX}) = \int_a^b xe^{tx} \frac{1}{b-a} dx$$

$$= \frac{1}{b-a} \left\{ \left[\boxed{} \right]_a^b - \int_a^b \boxed{} dx \right\} \quad \boxed{\text{部分積分}}$$

$$= \boxed{}$$

③ X と Y は互いに独立で，ともに区間 $(0, 1)$ 上の一様分布に従うとします．このとき，$P\left(X \geq \frac{2}{3} \text{ かつ } X > \frac{1}{2}\right)$, $P\left(X \geq \frac{2}{3} \text{ または } Y > \frac{1}{2}\right)$, $E[X^2(X+Y)]$ を求めましょう．

$$P\left(X \geq \frac{2}{3} \text{ かつ } X > \frac{1}{2}\right) = P\left(X \geq \frac{2}{3}\right)$$

$$= \int_{\frac{2}{3}}^1 dx = \boxed{} - \boxed{} = \boxed{}$$

$$P\left(X \geq \frac{2}{3} \text{ または } Y > \frac{1}{2}\right) = P\left(X \geq \frac{2}{3}\right) + P\left(Y > \frac{1}{2}\right)$$

$$- P\left(\boxed{} \text{ かつ } \boxed{}\right)$$

$$= \boxed{} + \boxed{} - \boxed{} \cdot \boxed{} = \boxed{}$$

$$E[X^2(X+Y)] = E(X^3 + X^2Y)$$
$$= E(\boxed{}) + E(\boxed{})E(\boxed{}) = \boxed{} + \boxed{} \cdot \boxed{} = \boxed{}$$

X^2 と $X+Y$ は独立ではないので $E(X^2)E(X+Y)$ と変形してはいけません．

練習問題

① X の分布 $= Y$ の分布 $= U(0, 1)$ で両者は独立のとき，次を求めよ．
(1) $P\left(\dfrac{1}{\sqrt{3}} < X < \dfrac{1}{\sqrt{2}}\right)$ (2) $P\left(X^2 < \dfrac{1}{2}\right)$ (3) $P(X^2 - X + 1 \leq 0)$
(4) $E(e^X)$ (5) $V(e^X)$ (6) $E(\log X)$ (7) $E(Xe^X)$
(8) $E\left(\dfrac{1}{\sqrt{1-X^2}}\right)$ (9) $E\left(\dfrac{1}{\sqrt{X}}\right)$ (10) $E\left(\dfrac{1}{X}\right)$
(11) $P\left(X < \dfrac{1}{3} \text{ かつ } Y > \dfrac{1}{2}\right)$ (12) $E(XY)$ (13) $V(XY)$
(14) $P\left(\max(X, Y) \leq \dfrac{1}{3}\right)$ (15) $P\left(\min(X, Y) \leq \dfrac{1}{3}\right)$
(16) $P\left(\dfrac{1}{3} \leq \min(X, Y) \text{ かつ } \max(X, Y) \leq \dfrac{2}{3}\right)$

② X の分布が $U(-1, 1)$ のとき，次を求めよ．
(1) X の確率密度関数 $f_X(x)$ (2) $E(X)$ (3) $V(X)$
(4) $E[\sin(\pi X)]$ (5) $E(e^X)$ (6) $V(e^X)$
(7) $E(X^3)$ (8) $V(X^3)$
(9) $E\left(\dfrac{1}{1+X^2}\right)$ (10) $V\left(\dfrac{1}{1+X^2}\right)$

答え

やってみましょうの答え

① $P\left(\dfrac{1}{2} \leq X \leq \dfrac{2}{3}\right) = \int_{\frac{1}{2}}^{\frac{2}{3}} f(x)\,dx = \int_{\frac{1}{2}}^{\frac{2}{3}} dx = \left(\boxed{\dfrac{2}{3}} - \boxed{\dfrac{1}{2}}\right) = \boxed{\dfrac{1}{6}}$

$E(X^3) = \int_{-\infty}^{\infty} x^3 f(x)\,dx = \int_0^1 \boxed{x^3}\,dx = \boxed{\dfrac{1}{4}}$

$E[(X^3)^2] = \int_0^1 x^6\,dx = \boxed{\dfrac{1}{7}}$

$\therefore V(X^3) = E(X^6) - \{E(X^3)\}^2 = \boxed{\dfrac{1}{7}} - \left(\boxed{\dfrac{1}{4}}\right)^2 = \boxed{\dfrac{9}{112}}$

② $E(e^{tX}) = \int_a^b e^{tx} \dfrac{1}{b-a}\,dx = \left[\boxed{\dfrac{1}{t(b-a)}} e^{tx}\right]_a^b = \boxed{\dfrac{e^{bt} - e^{at}}{t(b-a)}}$

$E(Xe^{tX}) = \dfrac{1}{b-a}\left\{\left[\boxed{\dfrac{xe^{tx}}{t}}\right]_a^b - \int_a^b \boxed{\dfrac{e^{tx}}{t}}\,dx\right\}$

$= \boxed{\dfrac{1}{b-a}\left\{\dfrac{be^{bt} - ae^{at}}{t} - \dfrac{e^{bt} - e^{at}}{t^2}\right\}}$

③ $P\left(X \geq \dfrac{2}{3} \text{ かつ } X > \dfrac{1}{2}\right) = P\left(X \geq \dfrac{2}{3}\right) = \int_{\frac{2}{3}}^1 dx = \boxed{1} - \boxed{\dfrac{2}{3}} = \boxed{\dfrac{1}{3}}$

$P\left(X \geq \dfrac{2}{3} \text{ または } Y > \dfrac{1}{2}\right) = P\left(X \geq \dfrac{2}{3}\right) + P\left(Y > \dfrac{1}{2}\right) - P\left(\boxed{X \geq \dfrac{2}{3}} \text{ かつ } \boxed{Y > \dfrac{1}{2}}\right)$

$= \boxed{\dfrac{1}{3}} + \boxed{\dfrac{1}{2}} - \boxed{\dfrac{1}{3}} \cdot \boxed{\dfrac{1}{2}} = \boxed{\dfrac{2}{3}}$

$$E[X^2(X+Y)] = E(X^3 + X^2 Y) = E(\boxed{X^3}) + E(\boxed{X^2})E(\boxed{Y}) = \boxed{\dfrac{1}{4}} + \boxed{\dfrac{1}{3}} \cdot \boxed{\dfrac{1}{2}} = \boxed{\dfrac{5}{12}}$$

練習問題の答え

①

(1) $\dfrac{1}{\sqrt{2}} - \dfrac{1}{\sqrt{3}}$ (2) $P(-\dfrac{1}{\sqrt{2}} < X < \dfrac{1}{\sqrt{2}}) = P(0 < X < \dfrac{1}{\sqrt{2}}) = \dfrac{1}{\sqrt{2}}$

(3) $P(\emptyset) = 0$ (4) $\int_0^1 e^x dx = \left[e^x\right]_0^1 = e-1$ (5) $E[(e^X)^2] = \int_0^1 e^{2x} dx = \left[\dfrac{e^{2x}}{2}\right]_0^1 = \dfrac{e^2-1}{2}$ よって,

$V(e^X) = \dfrac{e^2-1}{2} - (e-1)^2$ (6) $\int_0^1 \log x \, dx = \left[x \log x - x\right]_0^1 = -1$ (7) $\int_0^1 x e^x dx =$

$\left[e^x(x-1)\right]_0^1 = 1$ (8) $\int_0^1 \dfrac{1}{\sqrt{1-x^2}} dx = \left[\sin^{-1} x\right]_0^1 = \dfrac{\pi}{2}$ (9) $\int_0^1 \dfrac{1}{\sqrt{x}} dx = \left[2\sqrt{x}\right]_0^1 = 2$

(10) $\int_0^1 1/x \, dx = \left[\log x\right]_0^1 =$ 発散 (11) $P\left(X < \dfrac{1}{3}\right) P\left(Y > \dfrac{1}{2}\right) = \dfrac{1}{6}$ (12) $E(X)E(Y) = \dfrac{1}{4}$

(13) $E(X^2 Y^2) - \{E(XY)\}^2 = \left(\dfrac{1}{3}\right)^2 - \dfrac{1}{16} = \dfrac{7}{144}$ (14) $P\left(X \leqq \dfrac{1}{3} \text{ かつ } Y \leqq \dfrac{1}{3}\right)$

$= P\left(X \leqq \dfrac{1}{3}\right) P\left(Y \leqq \dfrac{1}{3}\right) = \left(\dfrac{1}{3}\right)^2 = \dfrac{1}{9}$ (15) $1 - P\left(\min(X, Y) > \dfrac{1}{3}\right) = 1 - P\left(X > \dfrac{1}{3} \text{ かつ } Y > \dfrac{1}{3}\right)$

$= 1 - P\left(X > \dfrac{1}{3}\right) P\left(Y > \dfrac{1}{3}\right) = 1 - \left(\dfrac{2}{3}\right)^2 = \dfrac{5}{9}$ (16) $P\left(\left(\dfrac{1}{3} \leqq X \leqq \dfrac{2}{3}\right) \text{ かつ } \left(\dfrac{1}{3} \leqq Y \leqq \dfrac{2}{3}\right)\right)$

$= P\left(\dfrac{1}{3} \leqq X \leqq \dfrac{2}{3}\right) P\left(\dfrac{1}{3} \leqq Y \leqq \dfrac{2}{3}\right) = \left(\dfrac{2}{3} - \dfrac{1}{3}\right)^2 = \dfrac{1}{9}$

② (1) $f_X(x) = \begin{cases} \dfrac{1}{2} & (-1 < x < 1) \\ 0 & \text{その他} \end{cases}$ (2) 0 (3) $\dfrac{1}{3}$ (4) 0

(5) $\int_{-1}^1 \dfrac{1}{2} e^x dx = \dfrac{1}{2}\left[e^x\right]_{-1}^1 = \dfrac{1}{2}(e - e^{-1})$ (6) $E[(e^X)^2] = \dfrac{1}{4}(e^2 - e^{-2})$ よって, $V(e^X) =$

$\dfrac{1}{4}(e^2 - e^{-2}) - \dfrac{1}{4}(e - e^{-1})^2$ (7) 0 (8) $\dfrac{1}{7}$ (9) $\int_{-1}^1 \dfrac{1}{2} \dfrac{1}{1+x^2} dx = \left[\tan^{-1} x\right]_0^1 = \dfrac{\pi}{4}$

(10) $E\left(\dfrac{1}{(1+X^2)^2}\right) = \int_0^1 \dfrac{1}{(1+x^2)^2} dx = \int_0^{\pi/4} \cos^2\theta \, d\theta \, (x = \tan\theta \text{ と置換}) = \int_0^{\pi/4} \dfrac{1 + \cos 2\theta}{2} d\theta$

$= \dfrac{\pi}{8} + \dfrac{1}{4}$ よって, $V\left(\dfrac{1}{1+X^2}\right) = \dfrac{\pi}{8} + \dfrac{1}{4} - \left(\dfrac{\pi}{4}\right)^2$

10 指数分布

定義と公式

指数分布 $\mathrm{Exp}(\lambda)$

確率変数 X の密度関数が

$$f_X(x) = \begin{cases} \lambda e^{-\lambda x} & x > 0 \\ 0 & \text{その他} \end{cases}$$

(ただし λ は正の定数)のとき,「確率変数 X の分布は,パラメータ λ の**指数分布**である」もしくは「確率変数 X は,パラメータ λ の**指数分布**に従う」といいます.記号を用いて「X の分布 $= \mathrm{Exp}(\lambda)$」や「$X \sim \mathrm{Exp}(\lambda)$」と記すこともあります.パラメータ λ を強度と呼ぶこともあります.

$X \sim \mathrm{Exp}(\lambda)$ のとき,X の期待値と分散は以下の「公式の使い方」の ② で示すように

$$E(X) = \frac{1}{\lambda}, \quad V(X) = \frac{1}{\lambda^2}$$

です.

なお上記の分布を「パラメータ λ の指数分布」と呼ぶ文献と「パラメータ $\frac{1}{\lambda}$ の指数分布」と呼ぶ文献の両方があるので注意が必要です.

無記憶性

確率変数 X はパラメータ λ の**指数分布**に従うとします.このとき,任意の $s>0$ と $t>0$ に対し

$$\begin{aligned} P(X>s+t \mid X>s) &= \frac{P(X>s+t,\ X>s)}{P(X>s)} = \frac{P(X>s+t)}{P(X>s)} \\ &= \frac{\int_{s+t}^{\infty} f_X(x)\,dx}{\int_{s}^{\infty} f_X(x)\,dx} = \frac{e^{-\lambda(s+t)}}{e^{-\lambda s}} \\ &= e^{-\lambda t} = P(X>t) \end{aligned}$$

が成立します．X が何かが起こるまでの待ち時間を表すと考えると，上式は「s 時間待っても起こらないという条件のもとでさらに t 時間待っても起こらない確率は，最初から t 時間待って起こらない確率と等しい」ということを表していて，s 時間待ったことがまったく記憶されていないと解釈できます．この性質を指数分布の**無記憶性**と呼びます．このことから，指数分布は，ある特定の交差点において事故が起こるまでの時間などを表す確率分布として用いられます．

なお，離散型の幾何分布も無記憶性を有します．指数分布は幾何分布の連続版とみなすことができます．

公式の使い方（例）

① $X \sim \mathrm{Exp}\left(\dfrac{1}{5}\right)$ のとき，$P(1 \leq X \leq 3)$ を求めましょう．

$$P(1 \leq X \leq 3) = \int_1^3 \frac{1}{5} e^{-\frac{x}{5}} dx = \left[-e^{-\frac{x}{5}}\right]_1^3$$
$$= e^{-\frac{1}{5}} - e^{-\frac{3}{5}}$$

② $X \sim \mathrm{Exp}(\lambda)$ とする．X の期待値と分散を，次の手順でそれぞれ計算してみましょう．

$$E(X) = \int_0^\infty x \lambda e^{-\lambda x} dx = \frac{1}{\lambda} \int_0^\infty u e^{-u} du$$
$$= \frac{\Gamma(2)}{\lambda} = \frac{1}{\lambda}$$

> 部分積分でもできますが，12 章で詳しく述べるガンマ関数を用いると便利なので少しだけ使うことにします．

$$E(X^2) = \int_0^\infty x^2 \lambda e^{-\lambda x} dx = \frac{1}{\lambda^2} \int_0^\infty u^2 e^{-u} du$$
$$= \frac{\Gamma(3)}{\lambda^2} = \frac{2}{\lambda^2},$$

$$\therefore V(X) = E(X^2) - \{E(X)\}^2 = \frac{1}{\lambda^2}$$

③ $X \sim \mathrm{Exp}(\lambda_1)$，$Y \sim \mathrm{Exp}(\lambda_2)$ で，X と Y は独立とするとき，$P(\min\{X, Y\} > x)$ を求めましょう．ただし $x > 0$．

$$P(\min\{X, Y\} > x) = P(X > x \text{ かつ } Y > x) = P(X > x) P(Y > x) = e^{-\lambda_1 x} e^{-\lambda_2 x}$$

> これより，$\min\{X, Y\} \sim \mathrm{Exp}(\lambda_1 + \lambda_2)$ がわかります．

やってみましょう

① $X \sim \mathrm{Exp}\left(\frac{1}{5}\right)$ のとき, $P(X>3)$ を求めましょう.

$$P(X>3)=\int_3^\infty \frac{1}{5}\mathrm{e}^{-\frac{x}{5}}\mathrm{d}x=\left[\boxed{}\right]_3^\infty=\boxed{}$$

② $X\sim\mathrm{Exp}(\lambda)$ とする. 分布関数 $F_X(x)$, $E(X^n)$, $E(\mathrm{e}^{tX})$ を計算してみましょう. また, $X\sim\mathrm{Exp}(\lambda_1)$, $Y\sim\mathrm{Exp}(\lambda_2)$, X と Y は独立とするとき, 次を求めましょう：$P(\min\{X,\ Y\}\leq x)$ (ただし $x>0$), $E(\mathrm{e}^{aX+bY})$.

$P(X>0)=1$ より, $x\leq 0$ に対しては $F_X(x)=0$ です. 一方 $x>0$ では,

$$F_X(x)=P(X<x)=\int_0^x \lambda\mathrm{e}^{-\lambda x}\mathrm{d}x=\left[\boxed{}\right]_0^x=\boxed{}$$

$$E(X^n)=\int_0^\infty x^n \lambda \mathrm{e}^{-\lambda x}\mathrm{d}x=\frac{1}{\lambda^n}\int_0^\infty u^n \mathrm{e}^{-u}\mathrm{d}u=\frac{\Gamma(n+1)}{\lambda^n}=\boxed{}$$

$$E(\mathrm{e}^{tX})=\int_0^\infty \mathrm{e}^{tx}\lambda \mathrm{e}^{-\lambda x}\mathrm{d}x$$

$$=\lambda\int_0^\infty \mathrm{e}^{-\boxed{}x}\mathrm{d}x$$

$$=\lambda\left[\boxed{}\right]_0^\infty=\lambda\boxed{}=\boxed{}$$

(ただし, $t<\lambda$ のときで, それ以外では発散する)

$$P(\min\{X,\ Y\}\leq x)=1-P(\boxed{})$$

$$=1-P(\boxed{}\ \text{かつ}\ \boxed{})$$

$$=1-P(\boxed{})P(\boxed{})=1-\mathrm{e}^{-\lambda_1 x}\mathrm{e}^{-\lambda_2 x}$$

$$E(\mathrm{e}^{aX}\mathrm{e}^{bY})=E(\boxed{})E(\boxed{})=\frac{\lambda_1\lambda_2}{(\lambda_1-a)(\lambda_2-b)}$$

練習問題

X の分布 $= \mathrm{Exp}\left(\dfrac{1}{3}\right)$ のとき，次を求めよ．

(1) $E(X)$ (2) $E(\mathrm{e}^{\frac{1}{6}X})$ (3) $E(\mathrm{e}^{x})$ (4) $E(\sin X)$

答え

やってみましょうの答え

① $P(X>3) = \left[\boxed{-\mathrm{e}^{-\frac{x}{5}}}\right]_3^\infty = \boxed{\mathrm{e}^{-\frac{3}{5}}}$

② $F_X(x) = \displaystyle\int_0^x \lambda \mathrm{e}^{-\lambda x}\,\mathrm{d}x = \left[\boxed{-\mathrm{e}^{-\lambda x}}\right]_0^x = \boxed{1-\mathrm{e}^{-\lambda x}}$． $E(X^n) = \boxed{\dfrac{n!}{\lambda^n}}$

$E(\mathrm{e}^{tX}) = \lambda \displaystyle\int_0^\infty \mathrm{e}^{-\boxed{(\lambda-t)}x}\,\mathrm{d}x = \lambda\left[\boxed{-\dfrac{\mathrm{e}^{-(\lambda-t)x}}{\lambda-t}}\right]_0^\infty = \lambda\,\boxed{\dfrac{1}{\lambda-t}} = \boxed{\dfrac{\lambda}{\lambda-t}}$

$P(\min\{X,\ Y\}\leqq x) = 1 - P(\boxed{\min\{X,\ Y\}>x}) = 1 - P(\boxed{X>x \text{ かつ } Y>x})$
$\qquad\qquad\qquad\quad = 1 - \boxed{P(X>x)}\,\boxed{P(Y>x)}$

$E(\mathrm{e}^{aX}\mathrm{e}^{bY}) = E(\boxed{\mathrm{e}^{aX}})\,E(\boxed{\mathrm{e}^{bY}})$

練習問題の答え

(1) $\displaystyle\int_0^\infty x\,\dfrac{1}{3}\mathrm{e}^{-\frac{x}{3}}\,\mathrm{d}x = \left[-x\mathrm{e}^{-\frac{x}{3}}\right]_0^\infty + \int_0^\infty \mathrm{e}^{-\frac{x}{3}}\,\mathrm{d}x = 3$ (2) $\displaystyle\int_0^\infty \mathrm{e}^{\frac{x}{6}}\,\dfrac{1}{3}\mathrm{e}^{-\frac{x}{3}}\,\mathrm{d}x = 2$

(3) $\displaystyle\int_0^\infty \mathrm{e}^{x}\,\dfrac{1}{3}\mathrm{e}^{-\frac{x}{3}}\,\mathrm{d}x = \dfrac{1}{3}\int_0^\infty \mathrm{e}^{\frac{2}{3}x}\,\mathrm{d}x = \infty$

(4) $\displaystyle\int \mathrm{e}^{-\frac{x}{3}}\sin x\,\mathrm{d}x = -\dfrac{3}{10}(\mathrm{e}^{-\frac{x}{3}}\sin x + 3\mathrm{e}^{-\frac{x}{3}}\cos x)$

よって $E(\sin X) = \displaystyle\int_0^\infty \sin x \cdot \dfrac{1}{3}\mathrm{e}^{-\frac{x}{3}}\,\mathrm{d}x = \left(\dfrac{1}{3}\right)\left(-\dfrac{3}{10}\right)\left[\mathrm{e}^{-\frac{x}{3}}\sin x + 3\mathrm{e}^{-\frac{x}{3}}\cos x\right]_0^\infty = \dfrac{3}{10}$

11 正規分布

定 義 と 公 式

標準正規分布　N(0, 1)

確率変数 X の密度関数が

$$f_X(x) = \frac{1}{\sqrt{2\pi}} \exp\left(-\frac{x^2}{2}\right)$$

のとき，「確率変数 X の分布は**標準正規分布**である」もしくは「確率変数 X は標準正規分布に従う」といいます．記号を用いて「X の分布 $=$ N(0, 1)」や「$X \sim$ N(0, 1)」と記すこともあります．

この密度関数のグラフは y 軸対称な釣鐘型になります．またすべての実数 x に対し密度関数の値 $f_X(x)$ が正なので，標準正規分布に従う確率変数は，すべての実数を値としてとる可能性があります．なお，全確率は 1，すなわち

$$\int_{-\infty}^{\infty} \frac{1}{\sqrt{2\pi}} \exp\left(-\frac{x^2}{2}\right) dx = 1$$

となりますが，これは通常のように被積分関数の不定積分を求めることによって証明することはできません．実際，分布関数

$$F_X(x) = \int_{-\infty}^{x} f_X(u) du$$

は既知の関数を用いて書き表せないことが知られています．この分布関数を $\Phi(x)$ という記号を用いて表します．巻末に表を収録します．また，マイクロソフト社の Excel では，NORMSDIST(x) という関数として登録されています．

$X \sim$ N(0, 1) のとき，X の期待値と分散は以下の「公式の使い方」の①で示すように

$$E(X) = 0, \quad V(X) = 1$$

です．この性質から「標準」正規分布という名がついています．
確率・統計の中で最も重要な分布ですが，意味などについては 17 章で述べます．

一般の正規分布　N(μ, σ^2)

より一般的に確率変数 X の密度関数が

$$f_X(x) = \frac{1}{\sqrt{2\pi\sigma^2}} \exp\left\{-\frac{(x-\mu)^2}{2\sigma^2}\right\}$$

（ただし μ，σ は定数で $\sigma > 0$）のとき，「確率変数 X の分布は，期待値 μ，分散 σ^2 の**正規分布**である」もしくは「確率変数 X は，期待値 μ，分散 σ^2 の正規分布に従う」といいます．記号を用いて「X の分布 $= N(\mu, \sigma^2)$」や「$X \sim N(\mu, \sigma^2)$」と記すこともあります．

この密度関数の形は $x = \mu$ を軸として対称であり，σ の値が大きいほど平べったい釣鐘型になります．

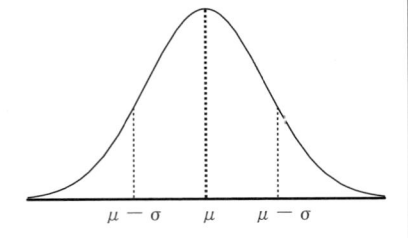

図 11.1 正規分布の密度関数

確率変数 X が正規分布に従うとします．a, b を定数とするとき，「公式の使い方」の②で確かめるように，$aX + b$ もまた正規分布に従います．期待値と分散に関する一般論より

$$E(aX + b) = aE(X) + b, \quad V(aX + b) = a^2 V(X)$$

なので，まとめると

$$X \sim N(\mu, \sigma^2) \text{ のときに，} aX + b \sim N(a\mu + b, a^2\sigma^2) \text{ です．}$$

特に，次の2つが成り立ちます．
1. X が標準正規分布に従うとき，$\sigma X + \mu \sim N(\mu, \sigma^2)$
2. $X \sim N(\mu, \sigma^2)$ のときに，X の標準化 $\dfrac{X - \mu}{\sigma}$ は標準正規分布に従う．

正規分布の再生性

確率変数 X と Y が互いに独立で，$X \sim N(\mu_1, \sigma_1^2)$ かつ $Y \sim N(\mu_2, \sigma_2^2)$ のとき，$X + Y \sim N(\mu_1 + \mu_2, \sigma_1^2 + \sigma_2^2)$ となります．これを正規分布の**再生性**といいます．

公式の使い方（例）

① $X \sim N(0, 1)$ とする．X の期待値と分散を，次の手順でそれぞれ計算してみましょう．

$$E(X) = \int_{-\infty}^{+\infty} \frac{1}{\sqrt{2\pi}} x \exp\left(-\frac{x^2}{2}\right) dx$$
$$= \frac{1}{\sqrt{2\pi}} \left[-\exp\left(-\frac{x^2}{2}\right)\right]_{-\infty}^{\infty} = 0$$

$$E(X^2) = \int_{-\infty}^{+\infty} \frac{1}{\sqrt{2\pi}} x^2 \exp\left(-\frac{x^2}{2}\right) dx$$
$$= 2\frac{1}{\sqrt{2\pi}} \int_0^{+\infty} 2u \exp(-u) \frac{\sqrt{2}}{2} u^{-\frac{1}{2}} du$$
$$= 2\frac{1}{\sqrt{\pi}} \Gamma(3/2) = 1$$

② $X \sim N(\mu, \sigma^2)$ とする．a, b を定数とする（$a \neq 0$）とき，$Y = aX + b$ の密度関数を次の手順で求め，Y もまた正規分布に従うことを示してみましょう．まず $a > 0$ として

$$F_Y(x) = P(Y < x) = P(aX + b < x)$$
$$= P\left(X < \frac{x-b}{a}\right) = F_X\left(\frac{x-b}{a}\right)$$

よって，両辺を微分して

$$f_Y(x) = \frac{d}{dx} F_Y(x) = \frac{d}{dx} F_X\left(\frac{x-b}{a}\right)$$
$$= f_X\left(\frac{x-b}{a}\right) \frac{d}{dx}\left(\frac{x-b}{a}\right)$$
$$= \frac{1}{\sqrt{2\pi\sigma^2 a^2}} \exp\left\{-\frac{\left(\frac{x-b}{a} - \mu\right)^2}{2\sigma^2}\right\}$$
$$= \frac{1}{\sqrt{2\pi(\sigma a)^2}} \exp\left\{-\frac{(x - b - a\mu)^2}{2(a\sigma)^2}\right\}$$

つまり，$Y \sim N(a\mu + b, a^2\sigma^2)$ となり，やはり正規分布です．$a < 0$ の場合も同様です．

やってみましょう

① $X \sim N(0, 1)$ とします．$E(X^4), E(e^{tX})$ を，次の手順でそれぞれ計算してみましょう．

$$E(X^4) = \int_{-\infty}^{+\infty} \frac{1}{\sqrt{2\pi}} x^4 \exp\left(-\frac{x^2}{2}\right) dx$$

$$= 2\frac{1}{\sqrt{2\pi}} \int_0^{+\infty} ()^2 \exp(-u) du$$

$$= 4\frac{1}{\sqrt{\pi}} \Gamma\left(\frac{5}{2}\right) = 3$$

$$E(e^{tX}) = \int_{-\infty}^{+\infty} \frac{1}{\sqrt{2\pi}} \exp(tx) \exp\left(-\frac{x^2}{2}\right) dx$$

$$= \frac{1}{\sqrt{2\pi}} \int_{-\infty}^{+\infty} \exp\left\{ + \right\} dx$$

$$= e^{\frac{t^2}{2}}$$

② $X \sim N(0, 1)$ とします. $Y = X^2$ の密度関数を次の手順で求めましょう.

$P(Y>0) = 1$ より, $x > 0$ に対して

$F_Y(x) = P(Y < x) = P(X^2 < x)$

$$= P(< X <)$$

$$= P(X <) - P(X \leq)$$

$$= F_X() - F_X()$$

よって微分して

$$f_Y(x) = \frac{d}{dx} F_Y(x) = \frac{d}{dx} \{F_X() - F_X()\}$$

$$= f_X()()' - f_X()()'$$

$$= \frac{1}{\sqrt{2\pi x}} e^{-\frac{x}{2}} \quad (x > 0)$$

となります. これは自由度1のカイ2乗分布 $\chi_1^2 = \Gamma\left(\frac{1}{2}, \frac{1}{2}\right)$ として数理統計学において非常に重要な分布です(12章, 14章で, また触れます).

練習問題

① X の分布 $=N(0, 1)$, Y の分布 $=Z$ の分布 $=N(4, 3^2)$, そしてこの3つの確率変数は互いに独立であるとする. 以下を求めよ.

(1) $P(X \geq 0)$ (2) $P(Y \geq 4)$ (3) $2Y$ の分布 (4) $2Y+3$ の分布 (5) $Y+Z$ の分布
(6) $Y-Z$ の分布 (7) $Y-3Z$ の分布 (8) $Y-3Z+2$ の分布
(9) $P(Y \geq 1)=P(X \leq a)$ となる実数 a (10) $E(X)$ (11) $E(X^2)$ (12) $E(Y)$ (13) $V(Y)$
(14) $E(Y^2)$ (15) $E(e^{2X})$ (16) $E(e^{3Y})$ (17) $E(e^{-X^2})$ (18) $E(|X|)$ (19) $E(|Y-4|)$
(20) X^5 の密度関数 (21) $\sqrt{|X|}$ の密度関数

② $g(x) = \left(\int_0^x e^{-t^2} dt \right)^2 + \int_0^1 \frac{e^{-x^2(1+t^2)}}{1+t^2} dt$ とおく.

(1) $g'(x)=0$ を示せ. (2) $\lim_{x \to \infty} g(x) = g(0)$ を用いて, $\int_0^\infty e^{-x^2} dx = \frac{\sqrt{\pi}}{2}$ を示せ.

答え

やってみましょうの答え

① $E(X^4) = 2 \frac{1}{\sqrt{2\pi}} \int_0^{+\infty} (\boxed{2u})^2 \exp(-u) \boxed{\frac{\sqrt{2}}{2}} u^{-\frac{1}{2}} du = 4 \frac{1}{\sqrt{\pi}} \Gamma\left(\frac{5}{2}\right) = 3$

$E(e^{tX}) = \frac{1}{\sqrt{2\pi}} \int_{-\infty}^{+\infty} \exp\left\{ \boxed{\frac{-(x-t)^2}{2}} + \boxed{\frac{t^2}{2}} \right\} dx = e^{\frac{t^2}{2}}$

② $x>0$ に対して $F_Y(x) = P(Y<x) = P(X^2<x) = P(\boxed{-\sqrt{x}} < X < \boxed{\sqrt{x}})$
$= P(X < \boxed{\sqrt{x}}) - P(X \leq \boxed{-\sqrt{x}}) = F_X(\boxed{\sqrt{x}}) - F_X(\boxed{-\sqrt{x}})$

よって微分して $f_Y(x) = \frac{d}{dx} F_Y(x) = \frac{d}{dx} \{ F_X(\boxed{\sqrt{x}}) - F_X(\boxed{-\sqrt{x}}) \}$

$= f_X(\boxed{\sqrt{x}})(\boxed{\sqrt{x}})' - f_X(\boxed{-\sqrt{x}})(\boxed{-\sqrt{x}})' = \frac{1}{\sqrt{2\pi x}} e^{-\frac{x}{2}}$ $(x>0)$

練習問題の答え

(1) $\frac{1}{2}$ (2) Y の標準化 $=\frac{Y-4}{3}=W$ とおくと, W の分布 $=N(0, 1)$, ゆえに, $P(Y \geq 4) = P(W \geq 0) = \frac{1}{2}$ (3) $E(2Y)=8$, $V(2Y)=2^2 V(Y)=6^2$, $\therefore 2Y$ の分布 $=N(8, 6^2)$
(4) $E(2Y+3)=11$, $V(2Y+3)=6^2$ より, $N(11, 6^2)$ (5) 正規分布の再生性より, $Y+Z$ の分布 $=N(8, 18)$ (6) $-Z$ の分布 $=N(-4, 3^2)$ より $Y-Z$ の分布 $=N(0, 18)$
(7) $N(-8, 90)$ (8) $N(-6, 90)$ (9) $P(Y \geq 1) = P(W \geq -1) = P(W \leq 1)$ ゆえに $a=1$

(10) $E(X)=0$ (11) $E(X^2)=1+0^2=1$ (12) $E(Y)=4$ (13) $V(Y)=9$ (14) $E(Y^2)=9+4^2=25$

(15) $E(e^{2X})=e^{\frac{1}{2}\cdot 2^2}=e^2$ (モーメント母関数)

(16) $E(e^{3Y})=e^{3\cdot 4+\frac{1}{2}\cdot 3^2\cdot 3^2}=e^{\frac{105}{2}}$ (17) $E(e^{-X^2})=2\int_0^{+\infty}\frac{1}{\sqrt{2\pi}}e^{-x^2}e^{-\frac{x^2}{2}}dx=\frac{2}{\sqrt{2\pi}}\cdot\sqrt{\frac{2}{3}}\cdot\frac{1}{2}\Gamma\left(\frac{1}{2}\right)=\frac{1}{\sqrt{3}}$ (18) $E(|X|)=\frac{2}{\sqrt{2\pi}}\int_0^{+\infty}xe^{-\frac{1}{2}x^2}dx=\frac{2}{\sqrt{2\pi}}\left[-e^{-\frac{1}{2}x^2}\right]_0^{\infty}=\frac{2}{\sqrt{2\pi}}$

(19) $E(|Y-4|)=E(3|X|)=3\cdot\frac{2}{\sqrt{2\pi}}$ (20) $F_{X^5}(x)=P(X^5\leq x)=P(X\leq x^{\frac{1}{5}})$ ゆえに, $f_{X^5}(x)=\frac{d}{dx}F_{X^5}(x)=f_X(x^{\frac{1}{5}})(x^{\frac{1}{5}})'=\frac{1}{\sqrt{2\pi}}\exp\left(-\frac{x^{\frac{2}{5}}}{2}\right)\cdot\left(\frac{1}{5}\right)x^{-\frac{4}{5}}$ (21) $F_{\sqrt{|X|}}(x)=P(-x^2\leq X\leq x^2)$
$=F_X(x^2)-F_X(-x^2)$, $\therefore f_{\sqrt{|X|}}(x)=f_X(x^2)(x^2)'-f_X(-x^2)(-x^2)'=\frac{4x}{\sqrt{2\pi}}e^{-\frac{x^4}{2}}$ for $x\geq 0$

② (1) $g'(x)=2e^{-x^2}\int_0^x e^{-t^2}dt-2x\int_0^1 e^{-x^2(1+t^2)}dt=2e^{-x^2}\int_0^x e^{-t^2}dt-2\int_0^x e^{-(x^2+u^2)}du=0$

(2) $g(0)=\int_0^1\frac{1}{1+t^2}dt=[\tan^{-1}t]_0^1=\frac{\pi}{4}$ $\lim_{x\to\infty}g(x)=\left(\int_0^\infty e^{-t^2}dt\right)^2$

(1) より, $g(x)$ は定数なので, $\lim_{x\to\infty}g(x)=g(0)$ だから, $\int_0^\infty e^{-t^2}dt=\frac{\sqrt{\pi}}{2}$

12 ガンマ分布, ベータ分布

定義と公式

ガンマ関数, ベータ関数

$s>0$, $t>0$ に対して, ガンマ関数 $\Gamma(s)$ とベータ関数 $B(s, t)$ は次のように定義されます.

$$\Gamma(s) = \int_0^\infty x^{s-1} e^{-x} dx$$

$$B(s, t) = \int_0^1 x^{s-1}(1-x)^{t-1} dx.$$

$s>0$, $t>0$ という条件は, 広義積分が収束するための条件です.

ガンマ関数, ベータ関数の基本的性質

$$\Gamma(1) = 1, \qquad \Gamma(s+1) = s\Gamma(s), \qquad \Gamma(n) = (n-1)! \quad (n \in \mathbf{N})$$

$$\Gamma\left(\frac{1}{2}\right) = \sqrt{\pi}$$

$$\Gamma(s) = \alpha \int_0^{+\infty} u^{\alpha s-1} e^{-u^\alpha} du$$

$$B(s, t) = B(t, s) = \frac{\Gamma(s)\Gamma(t)}{\Gamma(s+t)}$$

$$B(s, t) = 2\int_0^{\frac{\pi}{2}} \sin^{2s-1}\theta \cos^{2t-1}\theta \, d\theta,$$

$$\int_0^{+\infty} x^{-\alpha}(1+x)^{-\beta} dx = B(\alpha+\beta-1, -\alpha+1). \quad (u=(1+x)^{-1} \text{ とおく}).$$

ガンマ分布 $\Gamma(a, \lambda)$, ベータ分布 $\beta(a, b)$

確率変数 X の密度関数が

$$f_X(x) = \begin{cases} \dfrac{1}{\Gamma(a)} \lambda^a x^{a-1} e^{-\lambda x} & (x>0) \\ 0 & (\text{その他}) \end{cases}$$

(ただし a, λ は正の定数)のとき,「確率変数 X の分布は, パラメータ a, λ の **ガンマ分布** で

ある」もしくは「確率変数 X は，パラメータ a, λ のガンマ分布に従う」といいます．記号を用いて「X の分布 $= \Gamma(a, \lambda)$」や「$X \sim \Gamma(a, \lambda)$」と記すこともあります．

$X \sim \Gamma(a, \lambda)$ のとき，X の期待値と分散は以下の「公式の使い方」の②や「やってみましょう」の②で示すように

$$E(X) = \frac{a}{\lambda}, \qquad V(X) = \frac{a}{\lambda^2}$$

となります．

$\mathrm{Exp}(\lambda) = \Gamma(1, \lambda)$ なので，ガンマ分布は指数分布の拡張とみなすことができます．

また，$\Gamma\left(\frac{n}{2}, \frac{1}{2}\right)$ を特に**自由度 n のカイ2乗分布**と呼びます．記号では χ_n^2 と記すことが多いです．$Z_1, Z_2, \cdots, Z_n$ が独立同分布で，各 $Z_i \sim \mathrm{N}(0, 1)$ のとき，確率変数 $Z_1^2 + \cdots + Z_n^2$ の分布が χ_n^2 になることを確かめることができます．

2つの独立な確率変数 X と Y が，それぞれ $X \sim \Gamma(a, \lambda)$，$Y \sim \Gamma(b, \lambda)$，のとき，2つの確率変数の和 $X + Y$ の分布は $\Gamma(a+b, \lambda)$ です(ガンマ分布の再生性)．

離散分布との関係では，幾何分布には指数分布が，負の2項分布 $NB(n, p)$ にはガンマ分布 $\Gamma(a, \lambda)$ が対応（一方が他方を近似しているという意味で）していることに注意しておきます．

確率変数 X の密度関数が

$$f_X(x) = \begin{cases} \dfrac{x^{a-1}(1-x)^{b-1}}{B(a, b)} & 0 < x < 1 \\ 0 & (その他) \end{cases}$$

(ただし a, b は正の定数)のとき，「確率変数 X の分布は，パラメータ a, b の **ベータ分布** である」もしくは「確率変数 X は，パラメータ a, b のベータ分布に従う」といいます．記号を用いて「X の分布 $= \beta(a, b)$」や「$X \sim \beta(a, b)$」と記すこともあります．期待値と分数は

$$E(X) = \frac{a}{a+b}, \quad V(X) = \frac{ab}{(a+b)^2(a+b+1)}$$

となります．また，2つの独立な確率変数 X と Y が，それぞれ $X \sim \Gamma(a, \lambda)$，$Y \sim \Gamma(b, \lambda)$ のとき，確率変数 $\dfrac{X}{X+Y}$ の分布は $\beta(a, b)$ になります．

また，パラメータはすべて正数とするとき，多次元ベータ関数

$$\iint_{x>0,y>0,x+y<1} x^{a-1}y^{b-1}(1-x-y)^{c-1}\mathrm{d}x\mathrm{d}y = B(a, b, c)$$
$$= \frac{\Gamma(a)\Gamma(b)\Gamma(c)}{\Gamma(a+b+c)}$$

$$\int\cdots\int_{x_1>0,x_2>0\cdots x_n>0,x_1+x_2+\cdots+x_n<1} x_1^{a_1-1}x_2^{a_2-1}\cdots x_n^{a_n-1}(1-x_1-x_2-\cdots-x_n)^{a_{n+1}-1}\mathrm{d}x_1\cdots\mathrm{d}x_n$$
$$= B(a_1, a_2, \cdots, a_n, a_{n+1})$$
$$= \frac{\Gamma(a_1)\Gamma(a_2)\cdots\Gamma(a_n)\Gamma(a_{n+1})}{\Gamma(a_1+a_2+\cdots a_n+a_{n+1})} \quad \text{(証明は帰納法)}$$

を覚えておくと便利です．

公式の使い方（例）

① 次を求めてみましょう．

(1) $\Gamma(4)$ (2) $\Gamma\left(\frac{5}{2}\right)$ (3) $\int_0^{+\infty} x^3 \mathrm{e}^{-2x}\mathrm{d}x$ (4) $\int_0^{\frac{\pi}{2}} \cos^4\theta\, \mathrm{d}\theta$

(5) $\iint_{x>0,y>0,x+y<1} x^2 y^2 (1-x-y)^2 \mathrm{d}x\,\mathrm{d}y$ (6) 半径 R の 4 次元球の 4 次元体積

(1) $3! = 6$

(2) $\frac{3}{2}\cdot\Gamma\left(\frac{3}{2}\right) = \frac{3}{2}\cdot\frac{1}{2}\cdot\Gamma\left(\frac{1}{2}\right) = \frac{3}{4}\sqrt{\pi}$

(3) $\int_0^{+\infty}\left(\frac{u}{2}\right)^3 \mathrm{e}^{-u}\left(\frac{1}{2}\right)\mathrm{d}u = \frac{\Gamma(4)}{2^4} = \frac{3!}{2^4} = \frac{3}{8}$

(4) $\frac{1}{2}B\left(\frac{1}{2}, \frac{5}{2}\right) = \frac{1}{2}\frac{\Gamma\left(\frac{1}{2}\right)\Gamma\left(\frac{5}{2}\right)}{\Gamma(3)} = \frac{\sqrt{\pi}\frac{3}{4}\sqrt{\pi}}{4} = \frac{3}{16}\pi$

(5) $B(3, 3, 3) = \frac{\Gamma(3)\Gamma(3)\Gamma(3)}{\Gamma(9)} = \frac{8}{8!} = \frac{1}{7!}$

(6) $\iiiint_{x^2+y^2+z^2+u^2<R^2} 1\,\mathrm{d}x\,\mathrm{d}y\,\mathrm{d}z\,\mathrm{d}u =$
$2^4 \iiiint_{x'>0,y'>0,z'>0,u'>0,x'+y'+z'+u'<1} \frac{R}{2}x'^{-\frac{1}{2}}\mathrm{d}x'\frac{R}{2}y'^{-\frac{1}{2}}\mathrm{d}y'\frac{R}{2}z'^{-\frac{1}{2}}\mathrm{d}z'\frac{R}{2}u'^{-\frac{1}{2}}\mathrm{d}u'$
$= R^4 B\left(\frac{1}{2}, \frac{1}{2}, \frac{1}{2}, \frac{1}{2}, 1\right) = R^4 \frac{\Gamma\left(\frac{1}{2}\right)^4}{\Gamma(3)} = \frac{R^4\pi^2}{2}$

② $X \sim \Gamma(a, \lambda)$ とするとき，$E(X)$ を求めましょう．また，$Y \sim \beta(a, b)$ とするとき，$E(Y)$ を求めましょう．

$$E(X) = \int_0^{+\infty} x \frac{\lambda^a x^{a-1} e^{-\lambda x}}{\Gamma(a)} dx = \int_0^{+\infty} \frac{\lambda^a x^a e^{-\lambda x}}{\Gamma(a)} dx$$
$$= \frac{1}{\lambda \Gamma(a)} \int_0^{+\infty} u^a e^{-u} du = \frac{\Gamma(a+1)}{\lambda \Gamma(a)} = \frac{a}{\lambda}$$

$$E(Y) = \int_0^1 x \frac{x^{a-1}(1-x)^{b-1}}{B(a, b)} dx = \frac{B(a+1, b)}{B(a, b)}$$
$$= \frac{\Gamma(a+1)\Gamma(b)}{\Gamma(a+b+1)} \frac{\Gamma(a+b)}{\Gamma(a)\Gamma(b)} = \frac{a}{a+b}$$

やってみましょう

① 次を求めましょう．

(1) $\Gamma(6)$ (2) $\Gamma\left(\frac{7}{2}\right)$ (3) $\int_{-\infty}^{+\infty} x^2 e^{-x^2} dx$ (4) $\int_0^{\frac{\pi}{2}} \sin^2\theta \cos^4\theta \, d\theta$

(5) $\iint_{x>0, y>0, x+y<1} x^{\frac{1}{2}} y^{\frac{1}{2}} dx\,dy$ (6) 半径 R の 5 次元球の 5 次元体積

(1)
$$\boxed{}! = \boxed{}$$

(2)
$$(\boxed{})(\boxed{})(\boxed{})\Gamma(\boxed{}) = \boxed{}$$

(3)
$$2\int_0^{+\infty} x^2 e^{-x^2} dx = 2\int_0^{+\infty} u e^{-u} \boxed{} \, du = \Gamma\left(\frac{3}{2}\right) = \boxed{} \Gamma(\boxed{}) = \boxed{}$$

(4)
$$\left(\frac{1}{2}\right) B\left(\frac{3}{2}, \frac{5}{2}\right) = \left(\frac{1}{2}\right) \frac{\Gamma(\boxed{})\Gamma(\boxed{})}{\Gamma(\boxed{})} = \frac{(\boxed{})\sqrt{\pi} \sqrt{\pi}}{\boxed{}} = \boxed{}$$

(5)
$$B\left(\frac{3}{2},\ \frac{3}{2},\ 1\right)=\frac{\Gamma\left(\boxed{}\right)\Gamma\left(\boxed{}\right)\Gamma\left(\boxed{}\right)}{\Gamma\left(\boxed{}\right)}=\boxed{}$$

(6) $\displaystyle\int\cdots\int_{x^2+y^2+z^2+u^2+v^2<R^2} 1\,dx\,dy\,dz\,du\,dv$

$\displaystyle =2^5\int\cdots\int_{x'>0,y'>0,z'>0,u'>0,v'>0,\,x'+y'+z'+u'+v'<1}\frac{R}{2}x'^{-\frac{1}{2}}dx'\frac{R}{2}ty'^{-\frac{1}{2}}dy'\frac{R}{2}z'^{-\frac{1}{2}}dz'\frac{R}{2}u'^{-\frac{1}{2}}du'\frac{R}{2}v'^{-\frac{1}{2}}dv'$

$\displaystyle =R^5 B\left(\frac{1}{2},\ \frac{1}{2},\ \frac{1}{2},\ \frac{1}{2},\ \frac{1}{2},\ 1\right)=R^5\frac{\Gamma\left(\boxed{}\right)^5}{\Gamma\left(\boxed{}\right)}=\boxed{}$

② $X\sim\Gamma(a,\lambda)$ とするとき,$V(X)$ を求めましょう.また,$Y\sim\beta(a,b)$ とするとき,$V(Y)$ を求めましょう.

$\displaystyle E(X^2)=\int_0^{+\infty}x^2\frac{\lambda^a x^{a-1}e^{-\lambda x}}{\Gamma(a)}dx$

$\displaystyle =\int_0^{+\infty}\frac{\lambda^a x^{a+1}e^{-\lambda x}}{\Gamma(a)}dx=\boxed{}\int_0^{+\infty}u^{a+1}e^{-u}du$

$\displaystyle =\frac{\Gamma\left(\boxed{}\right)}{\Gamma(a)}=\boxed{}$

$\displaystyle \therefore V(X)=E(X^2)-\{E(X)\}^2=\boxed{}-\left(\boxed{}\right)^2=\boxed{}$

$\displaystyle E(Y^2)=\int_0^1 x^2\frac{x^{a-1}(1-x)^{b-1}}{B(a,b)}dx=\frac{B(a+2,\ b)}{B(a,\ b)}$

$\displaystyle =\frac{\Gamma\left(\boxed{}\right)\Gamma\left(\boxed{}\right)}{\Gamma\left(\boxed{}\right)}\cdot\frac{\Gamma\left(\boxed{}\right)}{\Gamma\left(\boxed{}\right)\Gamma\left(\boxed{}\right)}=\boxed{}$

$\displaystyle \therefore V(Y)=E(Y^2)-\{E(Y)\}^2=\boxed{}-\left(\boxed{}\right)^2$

$\displaystyle =\boxed{}$

練習問題

① 次の値を求めましょう．

(1) $\Gamma(7)$ (2) $\Gamma\left(\dfrac{9}{2}\right)$ (3) $B(2, 3)$ (4) $\displaystyle\int_0^\infty x^4 e^{-x}\,dx$ (5) $\displaystyle\int_0^\infty x^5 e^{-2x}\,dx$

(6) $\displaystyle\int_0^1 x^3(1-x)^4\,dx$ (7) $\displaystyle\int_0^{\pi/2}\sin^5\theta\,d\theta$ (8) $\displaystyle\int_0^{\pi}\sin^5\theta\,d\theta$ (9) $\displaystyle\int_0^{2\pi}\sin^5\theta\,d\theta$

(10) $\displaystyle\int_0^{\pi/2}\sin^5\theta\cos^2\theta\,d\theta$ (11) $\displaystyle\int_{-\infty}^{+\infty} x^4 e^{-x^2}\,dx$ (12) $\displaystyle\int_{-\infty}^{+\infty} x^4 e^{-\frac{1}{2}x^2}\,dx$

(13) $\displaystyle\int_0^1 \log^4 x\,dx$ ($\log x = t$ とおく) (14) $\displaystyle\int_0^{+\infty}\dfrac{x^3}{(1+x)^7}\,dx$ $\left(\dfrac{1}{1+x}=u\text{ とおく}\right)$

(15) $\displaystyle\int_0^{+\infty}\dfrac{1}{(1+x^2)^4}\,dx$ ($\tan\theta = x$ とおく) (16) $\displaystyle\iint_{x>0, y>0, x+y<1} x^2 y^2\,dx\,dy$

(17) $\displaystyle\iint_{x>0, y>0, x+y<1}(1-x-y)^3\,dx\,dy$

(18) 半径 R の n 次元球の n 次元体積

(19) 半径 R の n 次元球の $n-1$ 次元表面積

② $X \sim \Gamma(a, \lambda)$, $Y \sim \Gamma(b, \lambda)$, $Z \sim \beta(a, b)$ で以上は独立とする．このとき，以下を求めよ．

(1) $E(X^n)$ (2) $E(e^{tX})$ (t は実数) (3) $X+Y$ の分布

(4) $\dfrac{X}{X+Y}$ の分布 (5) $1-Z$ の分布 (6) $E(Z^3)$

(7) $\Gamma(a, \lambda)$ のモード（つまり $f_X(x)$ を最大にする点）

(8) $\beta(a, b)$ のモード

答え

やってみましょうの答え

① (1) $\boxed{5}! = \boxed{120}$ (2) $\left(\boxed{\dfrac{5}{2}}\right)\left(\boxed{\dfrac{3}{2}}\right)\left(\boxed{\dfrac{1}{2}}\right)\Gamma\left(\boxed{\dfrac{1}{2}}\right) = \boxed{\dfrac{15}{8}\sqrt{\pi}}$

(3) $2\displaystyle\int_0^{+\infty} x^2 e^{-x^2}\,dx = 2\int_0^{+\infty} u e^{-u}\left(\boxed{\dfrac{1}{2}}\right)\boxed{u^{-\frac{1}{2}}}\,du = \Gamma\left(\boxed{\dfrac{3}{2}}\right) = \boxed{\dfrac{1}{2}}\Gamma\left(\boxed{\dfrac{1}{2}}\right) = \boxed{\dfrac{\sqrt{\pi}}{2}}$

(4) $\left(\dfrac{1}{2}\right)B\left(\dfrac{3}{2}, \dfrac{5}{2}\right) = \left(\dfrac{1}{2}\right)\dfrac{\Gamma\left(\boxed{\dfrac{3}{2}}\right)\Gamma\left(\boxed{\dfrac{5}{2}}\right)}{\Gamma\left(\boxed{4}\right)} = \dfrac{\left(\boxed{\dfrac{1}{2}}\right)\sqrt{\pi}\cdot\boxed{\dfrac{3}{4}}\sqrt{\pi}}{\boxed{12}} = \boxed{\dfrac{\pi}{32}}$

(5) $B\left(\dfrac{3}{2}, \dfrac{3}{2}, 1\right) = \dfrac{\Gamma\left(\boxed{\dfrac{3}{2}}\right)\Gamma\left(\boxed{\dfrac{3}{2}}\right)\Gamma\left(\boxed{1}\right)}{\Gamma\left(\boxed{4}\right)} = \boxed{\dfrac{\pi}{24}}$

(6) $\displaystyle\int\cdots\int_{x^2+y^2+z^2+u^2+v^2<R^2} 1\,dx\,dy\,dz\,du\,dv = (R^5)B\left(\dfrac{1}{2}, \dfrac{1}{2}, \dfrac{1}{2}, \dfrac{1}{2}, \dfrac{1}{2}, 1\right)$

$= R^5 \dfrac{\Gamma\left(\boxed{\dfrac{1}{2}}\right)^5}{\Gamma\left(\boxed{\dfrac{7}{2}}\right)} = \boxed{\dfrac{8}{15}R^5\pi^2}$

② $E(X^2) = \boxed{\dfrac{1}{\lambda^2\Gamma(a)}}\displaystyle\int_0^{+\infty} u^{a+1}e^{-u}\,du = \dfrac{\Gamma(\boxed{a+2})}{\boxed{\lambda^2}\,\Gamma(a)} = \dfrac{a(a+1)}{\lambda^2}$

$\therefore V(X) = \boxed{\dfrac{a(a+1)}{\lambda^2}} - \left(\boxed{\dfrac{a}{\lambda}}\right)^2 = \boxed{\dfrac{a}{\lambda^2}}$

$E(Y^2) = \dfrac{\Gamma(\boxed{a+2})\Gamma(\boxed{b})}{\Gamma(\boxed{a+b+2})}\cdot\dfrac{\Gamma(\boxed{a+b})}{\Gamma(\boxed{a})\Gamma(\boxed{b})} = \boxed{\dfrac{a(a+1)}{(a+b)(a+b+1)}}$

$\therefore V(Y) = \boxed{\dfrac{a(a+1)}{(a+b)(a+b+1)}} - \left(\boxed{\dfrac{a}{a+b}}\right)^2 = \boxed{\dfrac{ab}{(a+b)^2(a+b+1)}}$

練習問題の答え

① (1) 720 (2) $\dfrac{105}{16}\sqrt{\pi}$ (3) $\dfrac{1}{12}$

(4) $\Gamma(5)=24$ (5) $\dfrac{\Gamma(6)}{2^6}=\dfrac{15}{8}$ (6) $B(4,5)=\dfrac{\Gamma(4)\Gamma(5)}{\Gamma(9)}=\dfrac{1}{280}$

(7) $\left(\dfrac{1}{2}\right)B\left(3, \dfrac{1}{2}\right)=\dfrac{8}{15}$ (8) $\dfrac{16}{15}$ (9) 0

(10) $\dfrac{1}{2}B\left(3, \dfrac{3}{2}\right)=\dfrac{8}{105}$

(11) $x^2=u$ とおくと, $2\displaystyle\int_0^\infty x^4 e^{-x^2}\,dx = 2\int_0^\infty u^2 e^{-u}\left(\dfrac{1}{2}\right)u^{-\frac{1}{2}}\,du = \Gamma\left(\dfrac{5}{2}\right)=\dfrac{3}{4}\sqrt{\pi}$

(12) $\dfrac{x^2}{2}=u$ とおくと, $2\displaystyle\int_0^\infty x^4 e^{-\frac{1}{2}x^2}\,dx = 2\int_0^\infty (2u)^2 e^{-u}\sqrt{2}\left(\dfrac{1}{2}\right)u^{-\frac{1}{2}}\,du = 4\sqrt{2}\,\Gamma\left(\dfrac{5}{2}\right)=$

$3\sqrt{2\pi}$

(13) $\displaystyle\int_{-\infty}^0 t^4 e^t\,dt = \Gamma(5) = 24$

(14) $u=\dfrac{1}{(1+x)}$ とおくと, $\displaystyle\int_1^0 \left(\dfrac{1}{u}-1\right)^3 u^7\left(-\dfrac{1}{u^2}\,du\right) = \int_0^1 u^2(1-u)^3\,du = B(3,4)=\dfrac{1}{60}$

(15) $\displaystyle\int_0^\infty \dfrac{1}{(1+x^2)^4}\,dx = \int_0^{\frac{\pi}{2}} \dfrac{1}{(1+\tan^2\theta)^4}\dfrac{d\theta}{\cos^2\theta} = \int_0^{\frac{\pi}{2}} \cos^6\theta\,d\theta = \left(\dfrac{1}{2}\right)B\left(\dfrac{1}{2},\dfrac{7}{2}\right)=\dfrac{5}{32}\pi$

(16) $B(3, 3, 1) = \dfrac{\Gamma(3)\Gamma(3)\Gamma(1)}{\Gamma(7)} = \dfrac{1}{180}$

(17) $B(1, 1, 4) = \dfrac{\Gamma(1)\Gamma(1)\Gamma(4)}{\Gamma(6)} = \dfrac{1}{20}$

(18) $R^n B\left(\dfrac{1}{2}, \dfrac{1}{2}, \cdots \dfrac{1}{2}, 1\right) = \dfrac{R^n \pi^{\frac{n}{2}}}{\Gamma\left(\dfrac{n}{2}+1\right)}$

(19) 上を R で微分して $\dfrac{nR^{n-1}\pi^{\frac{n}{2}}}{\Gamma\left(\dfrac{n}{2}+1\right)}$

② (1) $\dfrac{\Gamma(a+n)}{\lambda^n \Gamma(a)}$

(2) $t<\lambda$ のとき, $\left(\dfrac{\lambda}{\lambda-t}\right)^a$, $t\geqq\lambda$ のとき, 発散

(3) $\Gamma(a+b, \lambda)$ (4) $\beta(a, b)$ (5) $\beta(b, a)$

(6) $\dfrac{(a+2)(a+1)a}{(a+b+2)(a+b+1)(a+b)}$ (7) $f'_X(x) = \dfrac{\lambda^a x^{a-2} e^{-\lambda x}}{\Gamma(a)}(a-1-\lambda x)$ より

$a>1$ のとき, $\dfrac{a-1}{\lambda}$, $a\leqq 1$ のときは 0

(8) $f'_Y(x)=0$ を計算すると, $a<1$ のときは 0, $b<1$ のときは 1,

$a\geqq 1$ かつ $b\geqq 1$ のときは $\dfrac{a-1}{a+b-2}$

13 多次元連続確率変数

定義と公式

多次元確率変数

この章では，2次元について解説しますが，3次元以上のケースでも考え方は同じです．

$$P(a \leq X \leq b \text{ かつ } c \leq Y \leq d) = \iint_{a \leq x \leq b, c \leq y \leq d} f(x, y) \, dx \, dy$$
$$= \int_a^b dx \int_c^d f(x, y) \, dy$$
$$= \int_c^d dy \int_a^b f(x, y) \, dx$$

が任意の4実数 a, b, c, d（ただし $a \leq b$ かつ $c \leq d$）に対して成立するような関数 f が存在するとき，2次元確率変数 (X, Y) は **2次元連続確率変数**であるといい，この関数 $f(x, y)$ を (X, Y) の**同時確率密度関数**もしくは単に**同時密度関数**と呼びます．(X, Y) の密度関数であることを明示するために，$f_{(X,Y)}(x, y)$ と記すことも多くあります．

連続確率変数の一般的性質

密度関数の直感的な意味は，確率変数 X の値が x と $x + \Delta x$ の間にあり，かつ Y の値が y と $y + \Delta y$ の間にある確率が

$$P(x \leq X \leq x + \Delta x \text{ かつ } y \leq Y \leq y + \Delta y) = \iint_{x \leq u \leq x + \Delta x, y \leq v \leq y + \Delta y} f_{(X,Y)}(u, v) \, du \, dv$$
$$\fallingdotseq f_{(X,Y)}(x, y) \Delta x \Delta y$$

と近似できることです．

2次元連続確率変数 (X, Y) およびその同時密度関数 $f_{(X,Y)}(x, y)$ は一般的に次の性質をもちます．

1. $f_{(X,Y)}(x, y)$ の値は常にゼロ以上である．
2. 全確率は1なので $\iint_{-\infty < x < \infty, -\infty < y < \infty} f_{(X,Y)}(x, y) \, dx \, dy = 1$. ただし，これ以降のいくつかの例に見られるように，$f_{(X,Y)}(x, y)$ の値自体は1を超えるところがあってもかまわない．
3. 実数 a, b に対し

$$P(X = a \text{ かつ } Y = b) = \int_a^a \int_b^b f_{(X,Y)}(x, y) \, dx \, dy = 0$$

なので，(X, Y) の値が特定の1点となる確率はゼロである．

この 3 番目の性質により，任意の 4 実数 a, b, c, d，（ただし $a \leq b$ かつ $c \leq d$）に対して

$$P(a \leq X \leq b \text{ かつ } c \leq Y \leq d),$$
$$P(a < X \leq b \text{ かつ } c \leq Y < d),$$
$$P(a < X \leq b \text{ かつ } c \leq Y \leq d)$$
$$P(a \leq X < b \text{ かつ } c < Y < d),$$
$$P(a < X < b \text{ かつ } c < Y < d)$$

というように不等式における等号はどのようにつけてもつけなくとも確率には影響しません．

また，$D \subset \boldsymbol{R}^2$ として

$$P((X, Y) \in D) = \iint_D f_{(X,Y)}(x, y) \mathrm{d}x \mathrm{d}y$$

と計算します．たとえば

$$P(X < Y) = \iint_{x<y} f_{(X,Y)}(x, y) \mathrm{d}x \mathrm{d}y$$

です．

独立性

2つの連続確率変数 X と Y を考えます．任意の a, b, c, d に対し

$$P(a \leq X \leq b, c \leq Y \leq d) = P(a \leq X \leq b) P(c \leq Y \leq d)$$

が成り立つとき，X と Y は独立でした（第 8 章参照）．このための必要十分条件は

$$f_{(X,Y)}(x, y) = f_X(x) f_Y(y)$$

です．

周辺密度関数

$$P(a \leq X \leq b) = P(a \leq X \leq b \text{ かつ } -\infty < Y < \infty)$$
$$= \int_a^b \mathrm{d}x \int_{-\infty}^\infty f_{(X,Y)}(x, y) \mathrm{d}y$$

となるので，

$$f_X(x) = \int_{-\infty}^\infty f_{(X,Y)}(x, y) \mathrm{d}y$$

が成立します．つまり，X の密度関数は同時密度関数の片一方の変数を $-\infty$ から ∞ まで積分して求めればよいのです．この $f_X(x)$ を $f_{(X,Y)}(x, y)$ の**周辺密度関数**といいます．もちろん，

$$f_Y(y) = \int_{-\infty}^\infty f_{(X,Y)}(x, y) \mathrm{d}x$$

となります．

連続確率変数の期待値と分散

2次元連続確率変数 (X, Y) の同時密度関数を $f_{(X,Y)}(x, y)$ とするとき，$h(X, Y)$ の期待値は

$$E[h(X, Y)] = \iint_{-\infty < x < \infty, -\infty < y < \infty} h(x, y) f_{(X,Y)}(x, y) \, dx \, dy$$

で定義されます．とくに $h(x, y) = xy$ がよく使われ

$$E(XY) = \iint_{-\infty < x < \infty, -\infty < y < \infty} xy f_{(X,Y)}(x, y) \, dx \, dy$$

となり，

$$\mathrm{Cov}(X, Y) = E(XY) - E(X)E(Y)$$

で共分散が計算できます．また，$E(X)$ は，周辺分布を求めて

$$E(X) = \int_{-\infty}^{\infty} x f_X(x) \, dx$$

で計算してもよいし，同じことですが直接2重積分

$$\iint_{-\infty < x < \infty, -\infty < y < \infty} x f_{(X,Y)}(x, y) \, dx \, dy$$

を計算してもよいでしょう．

公式の使い方（例）

① 次に示す関数が2次元確率変数 (X, Y) の密度関数になるように定数 c を求め，続きを求めましょう．

(1)
$$f_{(X,Y)}(x, y) = \begin{cases} cx^2(x + y^2) & ((x, y) \in (0, 1) \times (0, 1)) \\ 0 & (\text{その他}) \end{cases}$$

X の周辺密度関数 $f_X(x)$ を求めましょう．また，$P(X < Y)$，$E(X)$ も求めましょう．

全確率は1なので

$$1 = \int_0^1 dx \int_0^1 cx^2(x + y^2) \, dy = c \int_0^1 x^2 \left[xy + \frac{y^3}{3} \right]_{y=0}^{y=1} dx$$
$$= c \int_0^1 \left(x^3 + \frac{x^2}{3} \right) dx = c \left(\frac{1}{4} + \frac{1}{9} \right) = \frac{13}{36} c$$

$$\therefore \quad c = \frac{36}{13}$$

つまり，
$$f_X(x) = \begin{cases} \dfrac{36}{13}\left(x^3 + \dfrac{x^2}{3}\right) & (0 < x < 1) \\ 0 & (その他) \end{cases}$$
となります．
$$P(X < Y) = \frac{36}{13}\int_0^1 dx \int_x^1 x^2(x+y^2)\,dy$$
$$= \frac{36}{13}\int_0^1 x^2\left(x(1-x) + \frac{1-x^3}{3}\right)dx = \frac{19}{65}$$

$$E(X) = \frac{36}{13}\int_0^1 x\left(x^3 + \frac{x^2}{3}\right)dx = \frac{51}{65}$$

(2)
$$f_{(X,Y)}(x,y) = \begin{cases} cx(x+y) & 0 \leq x \leq y \leq 1 \\ 0 & (その他) \end{cases}$$
X の周辺密度関数 $f_X(x)$ を求めましょう．また，$P(X+Y<1)$，$E(X)$ も求めましょう．

$$1 = \int_0^1 dx \int_x^1 cx(x+y)\,dy$$
$$= c\int_0^1 x\left[xy + \frac{y^2}{2}\right]_{y=x}^{y=1}dx = \frac{5}{24}c$$
$$\therefore \quad c = \frac{24}{5}$$

よって
$$f_X(x) = \begin{cases} \dfrac{24}{5}\left(\dfrac{x}{2} + x^2 - \dfrac{3}{2}x^3\right) & 0 < x < 1 \\ 0 & (その他) \end{cases}$$

となります．密度関数の形から必ず $X \leq Y$ なので，$\{X+Y<1\}$ という事象上では $X < \dfrac{1}{2}$ です．ゆえに

$$P(X+Y<1) = \frac{24}{5}\int_0^{\frac{1}{2}} dx \int_x^{1-x} x(x+y)\,dy$$
$$= \frac{24}{5}\int_0^{\frac{1}{2}} x\left\{x(1-2x) + \left(\frac{(1-x)^2 - x^2}{2}\right)\right\}dx = \frac{3}{20}$$

$$E(X) = \frac{24}{5}\int_0^1 x\left(\frac{x}{2} + x^2 - \frac{3}{2}x^3\right)dx = \frac{14}{25}$$

(3)
$$f_{(X,Y)}(x, y) = \begin{cases} ce^{-x}e^{-y} & ((x, y) \in (0, 1) \times (0, 1)) \\ 0 & (その他) \end{cases}$$

$P(X > Y)$, X の周辺分布, $E(X)$ を求めましょう.

$$1 = \int_0^1 dx \int_0^1 ce^{-x}e^{-y} dy = c\left[-e^{-x}\right]_0^1 \left[-e^{-y}\right]_0^1 = c(1-e^{-1})^2$$

$$\therefore \quad c = (1-e^{-1})^{-2}$$

$$f_X(x) = \begin{cases} (1-e^{-1})^{-1}e^{-x} & (0 < x < 1) \\ 0 & (その他) \end{cases}$$

$$P(X > Y) = (1-e^{-1})^{-2} \int_0^1 dx \int_0^x e^{-x}e^{-y} dy$$
$$= (1-e^{-1})^{-2} \int_0^1 \{e^{-x}(1-e^{-x})\} dx = \frac{1}{2}$$

$$E(X) = (1-e^{-1})^{-1} \int_0^1 xe^{-x} dx = (1-e^{-1})^{-1}\left\{\left[x(-e^{-x})\right]_0^1 - \int_0^1 -e^{-x} dx\right\}$$
$$= (1-e^{-1})^{-1}(1-2e^{-1})$$

(4)
$$f_{(X,Y)}(x, y) = \begin{cases} c & (x^2 + y^2 < 1) \\ 0 & (その他) \end{cases}$$

このとき (X, Y) は**原点を中心とした半径1の円内に一様分布する**といいます.
$E(X)$, $V(X)$ を求め, さらに極座標を用いて $E[e^{-(X^2+Y^2)}]$, $\mathrm{Cov}(X, Y)$ を求めましょう.

$$2c \int_{-1}^1 \sqrt{1-x^2} dx = c\pi \quad (\because 半径1の円の面積)$$
$$= 1$$

$$\therefore \quad c = \frac{1}{\pi}$$

対称性より
$$E(X) = 0$$
また,

$$E(X^2) = \frac{1}{\pi} \iint_{x^2+y^2<1} x^2 \, dx \, dy$$

$$= \frac{4}{\pi} \iint_{x>0,\, y>0,\, x^2+y^2<1} x^2 \, dx \, dy$$

$$= \frac{4}{\pi} \iint_{0<r<1,\, 0\leq \theta<\frac{\pi}{2}} r^2 \cos^2\theta \, r \, dr \, d\theta$$

$$= \frac{4}{\pi} \int_0^1 r^3 \, dr \int_0^{\frac{\pi}{2}} \cos^2\theta \, d\theta$$

$$= \frac{1}{4}$$

$$\therefore \quad V(X) = \frac{1}{4}$$

$$E[e^{-(X^2+Y^2)}] = \iint_{x^2+y^2<1} e^{-(x^2+y^2)} \frac{1}{\pi} dx \, dy$$

$$= \frac{1}{\pi} \iint_{0<r<1,\, 0\leq \theta<2\pi} e^{-r^2} r \, dr \, d\theta$$

$$= \frac{1}{\pi} \int_0^1 r e^{-r^2} dr \int_0^{2\pi} d\theta$$

$$= \frac{1}{\pi} \cdot (2\pi) \cdot \left[-\frac{1}{2} e^{-r^2} \right]_0^1$$

$$= 2\left(\frac{1}{2} - \frac{1}{2e}\right) = 1 - e^{-1}$$

$$E(XY) = \iint_{x^2+y^2<1} xy \frac{1}{\pi} dx \, dy = \frac{1}{\pi} \iint_{0<r<1,\, 0\leq \theta<2\pi} r^2 \frac{\sin 2\theta}{2} r \, dr \, d\theta$$

$$= \frac{1}{\pi} \int_0^1 r^3 \, dr \int_0^{2\pi} \frac{\sin 2\theta}{2} d\theta = 0$$

$$\therefore \quad \mathrm{Cov}(X, Y) = E(XY) - E(X)E(Y) = 0 - 0 \cdot 0 = 0$$

X と Y の相関はゼロですが，両者は独立ではありません．

(5)

$$f_{(X,Y)}(x, y) = \begin{cases} cx e^{-x(1+y)} & ((x, y) \in (0, +\infty) \times (0, +\infty)) \\ 0 & (その他) \end{cases}$$

X の周辺密度関数 $f_X(x)$, $E(X)$, Y の周辺密度関数 $f_Y(y)$, $E\left(\dfrac{1}{1+Y}\right)$ を求めましょう．

$$\int_0^{+\infty}\int_0^{+\infty} cxe^{-x(1+y)}\,\mathrm{d}x\,\mathrm{d}y = c\int_0^{+\infty}(1+y)^{-2}\,\mathrm{d}y$$
$$= c\left[-\dfrac{1}{1+y}\right]_0^{+\infty} = c = 1$$

$x>0$ として，

$$f_X(x) = \int_0^{+\infty} xe^{-x(1+y)}\,\mathrm{d}y = xe^{-x}\int_0^{+\infty} e^{-xy}\,\mathrm{d}y$$
$$= xe^{-x}\left[-\dfrac{1}{x}e^{-xy}\right]_0^{+\infty} = e^{-x}$$

$$E(X) = \int_0^{+\infty} xe^{-x}\,\mathrm{d}x = 1$$

$y>0$ として，

$$f_Y(y) = \int_0^{+\infty} xe^{-x(1+y)}\,\mathrm{d}x = \dfrac{1}{1+y}\int_0^{+\infty} e^{-x(1+y)}\,\mathrm{d}x = (1+y)^{-2}$$

$$E\left(\dfrac{1}{1+Y}\right) = \int_0^{+\infty} (1+y)^{-3}\,\mathrm{d}y = \dfrac{1}{2}$$

やってみましょう

① 次の(1)〜(4)に示す関数が 2 次元確率変数 (X, Y) の密度関数になるように定数 c を求め，各問の続きを求めましょう．

(1)
$$f_{(X,Y)}(x, y) = \begin{cases} cx(x^2+y) & ((x, y)\in (0, 1)\times (0, 1)) \\ 0 & \text{その他} \end{cases}$$

X の周辺密度関数 $f_X(x)$ を求めましょう．また，$P(X>Y)$, $E(X)$ も求めましょう．

$$1 = \int_0^1 dx \int_0^1 \boxed{} dy$$

$$= c\int_0^1 x \left[\boxed{}\right]_{y=0}^{y=1} dx$$

$$= c\int_0^1 \left(\boxed{}\right) dx$$

$$= c\left(\boxed{}\right) = \boxed{}$$

$$\therefore \quad c = \boxed{}$$

$$f_X(x) = \begin{cases} 2x^3 + x & (0 < x < 1) \\ 0 & (その他) \end{cases}$$

$$P(X > Y) = \boxed{} \int_0^1 dx \int_0^x x(x^2 + y) dy$$

$$= \boxed{} \int_0^1 x \left(\boxed{}\right) dx = \boxed{}$$

$$E(X) = \int_0^1 x \left(\boxed{}\right) dx = \boxed{}$$

(2)

$$f_{(X,Y)}(x, y) = \begin{cases} c(x+y) & (0 \leqq x \leqq y \leqq 1) \\ 0 & (その他) \end{cases}$$

X の周辺密度関数 $f_X(x)$ を求めましょう．また，$P(X+Y<1)$，$E(X)$ も求めましょう．

$$1 = \int_0^1 dx \int_x^1 \boxed{} dy$$

$$= c\int_0^1 \left[\boxed{}\right]_{y=x}^{y=1} dx = \boxed{}$$

∴ c = ☐

$$f_X(x) = \begin{cases} \boxed{}\left(\dfrac{1}{2} + x - \dfrac{3}{2}x^2\right) & (0 < x < 1) \\ 0 & (その他) \end{cases}$$

$$P(Y < 1-X) = \boxed{} \int_0^{\frac{1}{2}} dx \int_x^{1-x} \boxed{} \, dy$$

$$= \boxed{} \int_0^{\frac{1}{2}} \left\{ x(1-2x) + \dfrac{(1-x)^2 - x^2}{2} \right\} dx = \boxed{}$$

$$E(X) = \boxed{} \int_0^1 x\left(\dfrac{1}{2} + x - \dfrac{3}{2}x^2\right) dx = \boxed{}$$

(3) (X, Y) は**原点を中心とした半径 1 の第 1 象限の円内に一様分布する**とき，つまり

$$f_{(X,Y)}(x, y) = \begin{cases} c & (x^2 + y^2 < 1,\ x > 0,\ y > 0) \\ 0 & (その他) \end{cases}$$

のとき，$E(X)$, $V(X)$, 極座標を用いて $E[e^{-(X^2+Y^2)}]$　$\mathrm{Cov}(X, Y)$ を求めましょう．

$$c \int_0^1 \sqrt{1-x^2}\, dx = \boxed{} \quad (\because 半径 1 の円の面積の \tfrac{1}{4})$$

$$= 1$$

∴ $c = \boxed{}$

$$E(X) = \dfrac{4}{\pi} \iint_{\substack{x^2+y^2<1 \\ x>0,\, y>0}} x \, dx\, dy$$

$$= \dfrac{4}{\pi} \iint_{\substack{0 < r < 1 \\ 0 \le \theta < \frac{\pi}{2}}} \boxed{} \, dr\, d\theta$$

$$= \dfrac{4}{\pi} \int_0^1 r^2\, dr \int_0^{\frac{\pi}{2}} \boxed{} \, d\theta = \boxed{}$$

$$E(X^2) = \frac{4}{\pi} \iint_{\substack{x^2+y^2<1 \\ x>0,\, y>0}} x^2 \mathrm{d}x\mathrm{d}y$$

$$= \frac{4}{\pi} \iint_{\substack{0<r<1 \\ 0\leq\theta<\frac{\pi}{2}}} \boxed{} \boxed{} \mathrm{d}r\,\mathrm{d}\theta$$

$$= \frac{4}{\pi} \int_0^1 \boxed{} \mathrm{d}r \int_0^{\frac{\pi}{2}} \boxed{} \mathrm{d}\theta = \frac{1}{4}$$

$$\therefore V(X) = \boxed{} - \left(\boxed{}\right)^2$$

$$E[\mathrm{e}^{-(X^2+Y^2)}] = \iint_{\substack{x^2+y^2<1 \\ x>0,\, y>0}} \mathrm{e}^{-(x^2+y^2)} \frac{4}{\pi} \mathrm{d}x\mathrm{d}y$$

$$= \frac{4}{\pi} \iint_{\substack{0<r<1 \\ 0\leq\theta<\frac{\pi}{2}}} \boxed{} \boxed{} \mathrm{d}r\,\mathrm{d}\theta$$

$$= \frac{4}{\pi} \int_0^1 \boxed{} \mathrm{d}r \int_0^{\frac{\pi}{2}} \mathrm{d}\theta$$

$$= \frac{4}{\pi} \cdot \left(\frac{\pi}{2}\right) \cdot \left[\boxed{}\right]_0^1$$

$$= 2\left(\boxed{}\right) = \boxed{}$$

$$E(XY) = \iint_{x^2+y^2<1,\, x>0,\, y>0} xy \frac{4}{\pi} \mathrm{d}x\mathrm{d}y$$

$$= \frac{2}{\pi} \iint_{\substack{0<r<1 \\ 0\leq\theta<\frac{\pi}{2}}} \boxed{} \boxed{} \mathrm{d}r\,\mathrm{d}\theta$$

$$= \frac{2}{\pi} \int_0^1 \boxed{} \mathrm{d}r \int_0^{\frac{\pi}{2}} \sin 2\theta \mathrm{d}\theta$$

$$= \frac{2}{4\pi}\left[\quad\right]_0^{\frac{\pi}{2}} = \boxed{}$$

$$\therefore \mathrm{Cov}(X, Y) = E(XY) - E(X)E(Y) = \boxed{} - \boxed{}$$

(4)

$$f_{(X,Y)}(x, y) = \begin{cases} ce^{-(x+y)} & (0 < x < y < \infty) \\ 0 & (その他) \end{cases}$$

X の周辺密度関数 $f_X(x)$, $E(X)$, Y の周辺密度関数 $f_Y(y)$, $E(Y)$ を求めましょう．

$$\int_0^{+\infty}\int_x^{+\infty} \boxed{}\,dx\,dy = c\int_0^{+\infty} \boxed{}\left[-e^{-y}\right]_x^{\infty} dx$$

$$= c\left[\quad\right]_0^{+\infty}$$

$$= \boxed{} = 1,$$

よって

$$c = \boxed{}$$

$x > 0$ として，

$$f_X(x) = \boxed{}\int_x^{+\infty} e^{-(x+y)}\,dy = \boxed{}\,e^{-x}\left[-e^{-y}\right]_x^{\infty} = \boxed{}$$

$$E(X) = \int_0^{+\infty} \boxed{}\,xe^{-2x}\,dx = \boxed{}$$

$y > 0$ として，

$$f_Y(y) = \int_0^{y} \boxed{}\,e^{-(x+y)}\,dx = \boxed{}\,e^{-y}\left[-e^{-x}\right]_{x=0}^{x=y} = \boxed{}\,e^{-y}\left(\boxed{}\right)$$

$$E(Y) = \int_0^{+\infty} \boxed{}\,y(e^{-y} - e^{-2y})\,dy = \boxed{} = \boxed{}$$

練習問題

(1)
$$f_{(X,Y)}(x, y) = \begin{cases} c(x+y) & (0 \leq x \leq 1 \text{ かつ } 0 \leq y \leq 1) \\ 0 & (その他) \end{cases}$$

定数 c と，X の周辺密度関数 $f_X(x)$ を求めよ．また，$P(Y<X)$ および $E(X)$ も求めよ．X と Y が独立かどうかについても述べよ．

(2)
$$f_{(X,Y)}(x, y) = \begin{cases} cxy & (0 < x < y < 1) \\ 0 & (その他) \end{cases}$$

定数 c と，X の周辺密度関数 $f_X(x)$，$E(X)$，Y の周辺分布密度関数 $f_Y(y)$，$E(Y)$ を求めよ．また，X と Y は独立か．

(3)
$$f_{(X,Y)}(x, y) = \begin{cases} ce^{-x(1+y^2)} & ((x, y) \in (0, +\infty) \times (0, +\infty)) \\ 0 & (その他) \end{cases}$$

定数 c と，X の周辺密度関数 $f_X(x)$，$E(X)$，Y の周辺分布密度関数 $f_Y(y)$，$E(\tan^{-1} Y)$ を求めよ．

(4)
$$f_{(X,Y)}(x, y) = \begin{cases} \dfrac{c}{1+x^2+y^2} & (x^2+y^2 \leq 1) \\ 0 & (その他) \end{cases}$$

定数 c と，X の周辺密度関数 $f_X(x)$ を求めよ．また，$E(X)$ および $E(X^2)$ も求めよ．

(5)
$$f_{(X,Y)}(x, y) = \begin{cases} cx^2y^3 & (x>0, \ y>0, \ x+y<1) \\ 0 & (その他) \end{cases}$$

定数 c と，X の周辺密度関数 $f_X(x)$，$E(X)$，$E(Y)$，$\mathrm{Cov}(X, Y)$ を求めよ．また，X と Y は独立か．

答 え

やってみましょうの答え

(1)

$$1=\int_0^1 dx \int_0^1 \boxed{cx(x^2+y)} dy = c\int_0^1 x\left[x^2y+\frac{y^2}{2}\right]_{y=0}^{y=1} dx$$

$$=c\int_0^1 \left(\boxed{x^3+\frac{1}{2}x}\right)dx = c\left(\boxed{\frac{1}{4}+\frac{1}{4}}\right) = \boxed{\frac{c}{2}} \quad \therefore \quad c=\boxed{2}$$

$$f_X(x)=\begin{cases} 2x^3+x & (0<x<1) \\ 0 & (その他) \end{cases}$$

$$P(X>Y)=\boxed{2}\int_0^1 dx \int_0^x x(x^2+y) dy$$

$$=\boxed{2}\int_0^1 x\left(\boxed{x^3+\frac{x^2}{2}}\right)dx = \boxed{\frac{13}{20}}$$

$$E(X)=\int_0^1 x\left(\boxed{2x^3+x}\right)dx = \boxed{\frac{11}{15}}$$

(2)

$$1=\int_0^1 dx \int_x^1 \boxed{c(x+y)} dy = c\int_0^1 \left[xy+\frac{y^2}{2}\right]_{y=x}^{y=1} dx = \boxed{\frac{c}{2}} \quad \therefore \quad c=\boxed{2}$$

$$f_X(x)=\begin{cases} \boxed{2}\left(\frac{1}{2}+x-\frac{3}{2}x^2\right) & (0<x<1) \\ 0 & (その他) \end{cases}$$

$$P(Y<1-X)=\boxed{2}\int_0^{\frac{1}{2}} dx \int_x^{1-x} \boxed{(x+y)} dy$$

$$=\boxed{2}\int_0^{\frac{1}{2}} \left\{x(1-2x)+\left(\frac{(1-x)^2-x^2}{2}\right)\right\} dx = \boxed{\frac{1}{3}}$$

$$E(X)=\boxed{2}\int_0^1 x\left(\frac{1}{2}+x-\frac{3}{2}x^2\right)dx = \boxed{\frac{5}{12}}$$

(3)

$$c\int_0^1 \sqrt{1-x^2} dx = \boxed{\frac{\pi}{4}c} \quad \therefore c=\boxed{\frac{4}{\pi}}$$

$$E(X)=\frac{4}{\pi}\iint_{\substack{0<r<1 \\ 0\leq\theta<\frac{\pi}{2}}} \boxed{r\cos\theta}\,\boxed{r}\, dr\, d\theta$$

$$=\frac{4}{\pi}\int_0^1 r^2 dr \int_0^{\frac{\pi}{2}} \boxed{\cos\theta} d\theta$$

$$= \boxed{\dfrac{4}{3\pi}}$$

$$E(X^2) = \dfrac{4}{\pi} \iint_{\substack{0<r<1 \\ 0\leq \theta < \frac{\pi}{2}}} \boxed{r^2\cos^2\theta} \boxed{r} \, dr\, d\theta$$

$$= \dfrac{4}{\pi} \int_0^1 \boxed{r^3}\, dr \int_0^{\frac{\pi}{2}} \boxed{\cos^2\theta}\, d\theta$$

$$= \dfrac{1}{4}$$

$$\therefore V(X) = \boxed{\dfrac{1}{4}} - \left(\boxed{\dfrac{4}{3\pi}}\right)^2$$

$$E(e^{-(X^2+Y^2)}) = \dfrac{4}{\pi} \iint_{\substack{0<r<1 \\ 0\leq\theta<\frac{\pi}{2}}} \boxed{e^{-r^2}} \boxed{r}\, dr\, d\theta = \dfrac{4}{\pi} \int_0^1 re^{-r^2}\, dr \int_0^{\frac{\pi}{2}} d\theta$$

$$= \dfrac{4}{\pi} \cdot \left(\dfrac{\pi}{2}\right) \cdot \left[\boxed{-\dfrac{1}{2}e^{-r^2}}\right]_0^1$$

$$= 2\left(\boxed{\dfrac{1}{2} - \dfrac{1}{2e}}\right) = \boxed{1 - e^{-1}}$$

$$E(XY) = \dfrac{2}{\pi} \iint_{\substack{0<r<1 \\ 0\leq\theta<\frac{\pi}{2}}} \boxed{r^2\sin 2\theta} \boxed{r}\, dr\, d\theta$$

$$= \dfrac{2}{\pi}\int_0^1 \boxed{r^3}\, dr \int_0^{\frac{\pi}{2}} \sin 2\theta\, d\theta = \dfrac{2}{4\pi}\left[\boxed{-\dfrac{1}{2}\cos 2\theta}\right]_0^{\frac{\pi}{2}}$$

$$= \boxed{\dfrac{1}{2\pi}} \quad \therefore \mathrm{Cov}(X, Y) = \boxed{\dfrac{1}{2\pi}} - \left(\boxed{\dfrac{4}{3\pi}}\right)^2$$

(4)

$$\int_0^{+\infty}\int_x^{+\infty} \boxed{ce^{-(x+y)}}\, dx\, dy = c\int_0^{+\infty} \boxed{e^{-x}}\left[-e^{-y}\right]_x^\infty dx = c\left[\boxed{-\dfrac{1}{2}e^{-2x}}\right]_0^{+\infty} = \boxed{\dfrac{c}{2}} = 1, \quad \text{よって } c = \boxed{2}$$

$x>0$ として,$f_X(x) = \boxed{2}\int_x^{+\infty} e^{-(x+y)}\, dy = \boxed{2}\, e^{-x}\left[-e^{-y}\right]_x^\infty = \boxed{2e^{-2x}}$

$$E(X) = \int_0^{+\infty} \boxed{2}\, xe^{-2x}\, dx = \boxed{\dfrac{1}{2}} \qquad \boxed{E(\mathrm{Exp}(2)) = \dfrac{1}{2} \text{ でもよい.}}$$

$y>0$ として,$f_Y(y) = \int_0^y \boxed{2}\, e^{-(x+y)}\, dx = \boxed{2}\, e^{-y}\left[-e^{-x}\right]_{x=0}^{x=y} = \boxed{2}\, e^{-y}\left(\boxed{1-e^{-y}}\right)$

$$E(Y) = \int_0^{+\infty} \boxed{2}\, y(e^{-y} - e^{-2y})\, dy = 2 - \boxed{\dfrac{1}{2}} = \boxed{\dfrac{3}{2}}$$

練習問題の答え

(1) $1 = \int_0^1 dx \int_0^1 c(x+y)\, dy = c\int_0^1 \left(x + \dfrac{1}{2}\right) dx = c \quad \therefore \quad c = 1$

$$f_X(x) = \begin{cases} x + \dfrac{1}{2} & (0 < x < 1) \\ 0 & (\text{その他}) \end{cases}$$

$$P(Y < X) = \int_0^1 dx \int_0^x (x+y) \, dy = \int_0^1 \dfrac{3}{2} x^2 \, dx = \dfrac{1}{2}$$

$$E(X) = \int_0^1 x\left(x + \dfrac{1}{2}\right) dx = \dfrac{7}{12}$$

$f_X(x) f_Y(y) = \left(x + \dfrac{1}{2}\right)\left(y + \dfrac{1}{2}\right) \neq x + y = f_{(X,Y)}(x, y)$ より X と Y は独立ではない.

(2) $\quad 1 = \int_0^1 dy \int_0^y cxy \, dx = c \int_0^1 \dfrac{y^3}{2} \, dy = \dfrac{c}{8} \quad \therefore \quad c = 8$

$$f_X(x) = \begin{cases} 4x(1-x^2) & (0 < x < 1) \\ 0 & (\text{その他}) \end{cases}$$

$$E(X) = \int_0^1 x(4x)(1-x^2) \, dx = \dfrac{8}{15}$$

$$f_Y(y) = \begin{cases} 4y^3 & (0 < y < 1) \\ 0 & (\text{その他}) \end{cases}$$

$$E(Y) = \dfrac{4}{5}$$

$f_X(x) f_Y(y) \neq f_{(X,Y)}(x, y)$ より独立ではない.

(3) $\quad \int_0^{+\infty} dy \int_0^{+\infty} ce^{-x(1+y^2)} dx = c \int_0^{+\infty} \dfrac{1}{1+y^2} dy = \dfrac{c\pi}{2} \quad \therefore \quad c = \dfrac{2}{\pi}$

$x > 0$ に対しては

$$f_X(x) = ce^{-x} \int_0^{+\infty} e^{-xy^2} dy = \left(\dfrac{1}{\sqrt{\pi}}\right) x^{-\frac{1}{2}} e^{-x} \quad x \leq 0 \text{ では } f_X(x) = 0$$

$$E(X) = \left(\dfrac{1}{\sqrt{\pi}}\right) \int_0^{+\infty} x x^{-\frac{1}{2}} e^{-x} dx = \left(\dfrac{1}{\sqrt{\pi}}\right) \Gamma\left(\dfrac{3}{2}\right) = \dfrac{1}{2}$$

$y > 0$ に対しては

$$f_Y(y) = \int_0^{+\infty} ce^{-x(1+y^2)} dx = \dfrac{2}{\pi(1+y^2)}, \quad y \leq 0 \text{ では } f_Y(y) = 0$$

$$E(\tan^{-1} Y) = \int_0^{+\infty} \tan^{-1} y \dfrac{2}{\pi(1+y^2)} dy = \left(\dfrac{2}{\pi}\right) \int_0^{\frac{\pi}{2}} u \, du = \dfrac{\pi}{4}$$

(4) $\quad 1 = \iint_{0 < r < 1, 0 \leq \theta < 2\pi} \dfrac{c}{1+r^2} r \, dr \, d\theta = c\pi \log 2, \quad c = \dfrac{1}{\pi \log 2}$

$$f_X(x) = c \int_{-\sqrt{1-x^2}}^{\sqrt{1-x^2}} \dfrac{1}{1+x^2+y^2} dy = \dfrac{2c}{\sqrt{1+x^2}} \tan^{-1} \sqrt{\dfrac{1-x^2}{1+x^2}}$$

$$E(X) = 0$$

$$E(X^2) = c \iint_{0 < r < 1, 0 \leq \theta < 2\pi} \dfrac{r^2}{1+r^2} \cos^2 \theta \, r \, dr \, d\theta = \dfrac{1 - \log 2}{2 \log 2}$$

(5) $\quad 1 = c\iint_{x>0, y>0, x+y<1} x^2 y^3 \mathrm{d}x\,\mathrm{d}y = cB(3, 4, 1) = c\dfrac{\Gamma(3)\Gamma(4)\Gamma(1)}{\Gamma(8)} = \dfrac{c}{420}$

$\therefore c = 420$

$f_X(x) = \begin{cases} 105\,x^2(1-x)^4 & (0<x<1) \\ 0 & (\text{その他}) \end{cases}$

$E(X) = \displaystyle\int_0^1 x\,(105\,x^2)(1-x)^4\,\mathrm{d}x = \dfrac{3}{8}$

$f_Y(y) = \begin{cases} 140\,y^3(1-y)^3 & (0<y<1) \\ 0 & (\text{その他}) \end{cases}$

$E(Y) = c\displaystyle\iint_{x>0, y>0, x+y<1} x^2 y^4 \mathrm{d}x\,\mathrm{d}y = cB(3, 5, 1) = \dfrac{1}{2}$

$E(XY) = cB(4, 5, 1) = \dfrac{1}{6}, \quad \therefore \mathrm{Cov}(X, Y) = \dfrac{1}{6} - \left(\dfrac{1}{2}\right)\left(\dfrac{3}{8}\right) = -\dfrac{1}{48}$

$\mathrm{Cov}(X, Y) \neq 0$ より独立ではない．

14 和・差・積・商の確率分布と確率変数の変数変換

定義と公式

和・差・積・商の確率分布

$f_{(X,Y)}(x, y)$ を (X, Y) の同時密度関数とします．この章の目的は，$Z=X+Y$, $W=X-Y$, $S=XY$, $T=Y/X$ とし，これら新しい確率変数の密度関数を求めることです．

1番目の解法は，分布関数 $F_Z(u)=P(Z \leq u)$ を求め，u で微分することです．
2番目の解法は以下のように公式を作っておくことです．

$$F_Z(u)=\int_{-\infty}^{+\infty}\mathrm{d}x\int_{-\infty}^{u-x}f_{(X,Y)}(x, y)\mathrm{d}y$$

両辺を u で微分して

$$f_Z(u)=\int_{-\infty}^{+\infty}f_{(X,Y)}(x, u-x)\mathrm{d}x$$

です．同様に

$$f_W(u)=\int_{-\infty}^{+\infty}f_{(X,Y)}(x, x-u)\mathrm{d}x$$

また，

$$F_S(u)=\int_{-\infty}^{0}\mathrm{d}x\int_{\frac{u}{x}}^{\infty}f_{(X,Y)}(x, y)\mathrm{d}y+\int_{0}^{\infty}\mathrm{d}x\int_{-\infty}^{\frac{u}{x}}f_{(X,Y)}(x, y)\mathrm{d}y$$

の両辺を u で微分して，

$$f_S(u)=\int_{-\infty}^{0}f_{(X,Y)}\left(x, \frac{u}{x}\right)\left(\frac{-1}{x}\right)\mathrm{d}x+\int_{0}^{\infty}f_{(X,Y)}\left(x, \frac{u}{x}\right)\left(\frac{1}{x}\right)\mathrm{d}x$$

が得られます．同様に

$$f_T(u)=\int_{-\infty}^{0}f_{(X,Y)}(x, ux)(-x)\mathrm{d}x+\int_{0}^{\infty}f_{(X,Y)}(x, ux)x\mathrm{d}x$$

特に X, Y が独立のときには，上記の各式において $f_{(X,Y)}(x, y)=f_X(x)f_Y(y)$ を代入すればよいことになります．

さらに $P(X>0)=P(Y>0)=1$, つまり X と Y がどちらも正の値しかとらない場合には

$$f_Z(u) = \int_0^u f_X(x) f_Y(u-x)\,\mathrm{d}x, \quad (u>0)$$

です．

$f_W(u)$ は簡単にはなりません．

$$f_S(u) = \int_0^\infty f_X(x) f_Y\left(\frac{u}{x}\right)\left(\frac{1}{x}\right)\mathrm{d}x, \quad (u>0)$$

$$f_T(u) = \int_0^\infty f_X(x) f_Y(ux)\, x\,\mathrm{d}x, \quad (u>0)$$

確率変数の変数変換

X の確率密度関数を $f_X(x)$ とし，$Y = h(X)$ とします．h が単調増加のとき，Y の確率密度関数 $f_Y(x)$ を以下のように求めましょう．

$$F_Y(x) = P(Y \leq x) = P(h(X) \leq x) = P(X \leq h^{-1}(x)) = F_X(h^{-1}(x))$$

両辺を x で微分して

$$f_Y(x) = \frac{\mathrm{d}}{\mathrm{d}x} F_Y(x) = \frac{\mathrm{d}}{\mathrm{d}x} F_X(h^{-1}(x)) = f_X(h^{-1}(x)) \frac{\mathrm{d}}{\mathrm{d}x} h^{-1}(x) = f_X(h^{-1}(x)) \frac{1}{h'(h^{-1}(x))}$$

単調でない場合については，以下の例題で解説します．

次に多変数の場合，$Z = g(X, Y)$，$W = h(X, Y)$ を求めます．変換 $(x, y) \longrightarrow (g(x, y), h(x, y))$ は 1 対 1 とします．

$$f_{(Z,W)}(z, w)\,\mathrm{d}z\,\mathrm{d}w = P(Z \in \mathrm{d}z \text{ かつ } W \in \mathrm{d}w)$$
$$= P(X \in \mathrm{d}x \text{ かつ } Y \in \mathrm{d}y) = f_{(X,Y)}\,\mathrm{d}x\,\mathrm{d}y,$$

よって

$$f_{(Z,W)}(z, w) = f_{(X,Y)}(x, y) \left| \frac{\mathrm{d}x\,\mathrm{d}y}{\mathrm{d}z\,\mathrm{d}w} \right| = f_{(X,Y)}(x, y) \left| \det \begin{pmatrix} \frac{\partial x}{\partial z} & \frac{\partial x}{\partial w} \\ \frac{\partial y}{\partial z} & \frac{\partial y}{\partial w} \end{pmatrix} \right|$$

これを応用すると，和の確率分布の求め方の 3 番目の解法（$(Z = X+Y, X)$ の同時分布を変数変換の方法で求め，積分して周辺分布を求めるということ）ができるようになります．

公式の使い方（例）

① X の分布 $=Y$ の分布 $=\text{Exp}(\lambda)$ で，X と Y は独立とします．$Z=X+Y$ の密度関数 $f_Z(u)$ を求めましょう．

$u>0$ として，

$$f_Z(u)=\int_0^u \lambda e^{-\lambda x}\lambda e^{-\lambda(u-x)}\,dx=\lambda^2 u e^{-\lambda u}$$

> つまり，Z の分布 $=\Gamma(2,\lambda)$

② X の分布 $=Y$ の分布 $=\text{U}(0,1)$ で，X と Y は独立とします．$Z=X+Y$ の密度関数 $f_Z(u)$ を求めましょう．

この問題は，公式でやると少し面倒なので1番目の解法で解いてみます．

$P(0<Z<2)=1$ は明らかです．$0<u\leqq 1$ のとき，$P(X+Y<u)=\left(\dfrac{1}{2}\right)u^2$，$1\leqq u<2$ のとき，

$$P(X+Y<u)=1-\left(\dfrac{1}{2}\right)(2-u)^2 \quad (\text{図を描くとわかりやすいです．})$$

よって u で微分して，

$$f_Z(u)=\begin{cases} u & (0<u<1)\text{ のとき} \\ 2-u & (1<u<2)\text{ のとき} \\ 0 & (\text{その他}) \end{cases}$$

③ X の分布 $=\text{N}(0,1)$ のとき，$Y=e^X$，$Z=X^2$ の確率密度関数をそれぞれ求めましょう．

$P(-\infty<X<\infty)=1$ より

$$P(0<Y=e^X<\infty)=1$$

よって $x>0$ に対して

$$F_Y(x)=P(Y<x)=P(e^X<x)=P(X<\log x)=F_X(\log x)$$

両辺を x で微分して

$$f_Y(x)=\begin{cases} f_X(\log x)(\log x)'=\dfrac{e^{-\frac{1}{2}(\log x)^2}}{\sqrt{2\pi}}\dfrac{1}{x} & (x>0 \text{ のとき}), \\ 0 & (x<0 \text{ のとき}) \end{cases}$$

また，$P(-\infty<X<\infty)=1$ より

> 一般に，X が正規分布に従うとき，確率変数 e^X の分布を**対数正規分布**といいます．

$$P(0<Z=X^2<\infty)=1$$

$x>0$ に対して

$$\begin{aligned}F_Z(x)&=P(Z<x)\\&=P(X^2<x)\\&=P(-\sqrt{x}<X<\sqrt{x})\\&=P(X<\sqrt{x})-P(X\leqq-\sqrt{x})\\&=F_X(\sqrt{x})-F_X(-\sqrt{x})\end{aligned}$$

$$\begin{aligned}f_Z(x)&=\frac{\mathrm{d}}{\mathrm{d}x}F_Z(x)\\&=\frac{\mathrm{d}}{\mathrm{d}x}\{F_X(\sqrt{x})-F_X(-\sqrt{x})\}\\&=f_X(\sqrt{x})(\sqrt{x})'-f_X(-\sqrt{x})(-\sqrt{x})'\\&=\frac{\mathrm{e}^{-\frac{x}{2}}}{\sqrt{2\pi}}\frac{1}{2\sqrt{x}}-\frac{\mathrm{e}^{-\frac{x}{2}}}{\sqrt{2\pi}}\frac{1}{-2\sqrt{x}}\\&=\frac{\mathrm{e}^{-\frac{x}{2}}}{\sqrt{2\pi}}\frac{1}{\sqrt{x}}\quad(x>0)\end{aligned}$$

$x\leqq 0$ に対しては
$$f_Z(x)=0$$

> この Z の分布を**自由度1のカイ2乗分布**といいます。ギリシア文字 χ(カイ)を用いて，χ_1^2 と記します．

④ X の分布 $=Y$ の分布 $=\mathrm{N}(0,1)$ で，X と Y は独立とします．$\begin{pmatrix}S\\T\end{pmatrix}=\begin{pmatrix}2&3\\3&1\end{pmatrix}\begin{pmatrix}X\\Y\end{pmatrix}$ の同時密度関数を $f_{(S,T)}(s,t)$ とおくと，

$$\begin{aligned}f_{(S,T)}(s,t)&=f_{(X,Y)}(x,y)\left|\frac{\partial x}{\partial s}\frac{\partial y}{\partial t}-\frac{\partial x}{\partial t}\frac{\partial y}{\partial s}\right|\\&=\frac{1}{2\pi}\mathrm{e}^{-\frac{(x^2+y^2)}{2}}\left|\frac{1}{7}\right|=\left(\frac{1}{14\pi}\right)\mathrm{e}^{-\frac{(10s^2-18st+13t^2)}{98}}\end{aligned}$$

やってみましょう

① X の確率密度関数を $f_X(x)$ とし，a を正の定数，$Y=aX$ とするとき，Y の確率密度関数 $f_Y(x)$ を $f_X(x)$ で表しましょう．

$$F_Y(x)=P(Y<x)=P(aX<x)$$
$$=P\left(X<\frac{x}{a}\right)=F_X\left(\frac{x}{a}\right)$$

両辺を x で微分して

$$f_Y(x)=\frac{\mathrm{d}}{\mathrm{d}x}F_Y(x)$$
$$=\frac{\mathrm{d}}{\mathrm{d}x}F_X\left(\frac{x}{a}\right)=f_X\left(\frac{x}{a}\right)\left(\frac{1}{a}\right)$$

② X, Y は独立とし，X, Y の確率密度関数をそれぞれ，$f_X(x)$, $f_Y(x)$ とします．また，$P(X>0)=P(Y>0)=1$ とするとき，$T=Y/X$ の密度関数 $f_T(u)$ を $f_X(x)$, $f_Y(x)$ で表しましょう．また X の分布 $=Y$ の分布 $=\mathrm{Exp}(\lambda)$ のとき，$f_T(u)$ を求めましょう．

$u>0$ として，
$$F(T<u)=P\left(\frac{Y}{X}<u\right)=\iint_{y/x<u, x>0, y>0}f_X(x)f_Y(y)\,\mathrm{d}x\,\mathrm{d}y$$
$$=\int_0^\infty f_X(x)\,\mathrm{d}x\int_0^{xu}f_Y(y)\,\mathrm{d}y$$

両辺を u で微分して
$$f_T(u)=\int_0^\infty f_X(x)\,\mathrm{d}x\,\frac{\mathrm{d}}{\mathrm{d}u}\int_0^{xu}f_Y(y)\,\mathrm{d}y=\int_0^\infty f_X(x)f_Y(xu)x\,\mathrm{d}x$$

X の分布 $=Y$ の分布 $=\mathrm{Exp}(\lambda)$ のときは，
$$f_X(x)=f_Y(x)=\lambda\,\mathrm{e}^{-\lambda x}$$

より $u>0$ として，
$$f_T(u)=\int_0^\infty \lambda\,\mathrm{e}^{-\lambda x}\,\lambda\,\mathrm{e}^{-\lambda xu}\,x\,\mathrm{d}x=\frac{1}{(1+u)^2}$$

③ X の分布 $=Y$ の分布 $=\mathrm{U}(0,1)$，X, Y は独立とします．$W=X-Y$ の密度関数 $f_W(u)$，$S=XY$ の密度関数 $f_S(u)$ を求めましょう．

$P(0<X<1)=P(0<Y<1)=1$ より

$$P(-1<W=X-Y<1)=1$$

$0<u\leq 1$ のとき，

$$P(X-Y<u)=1-\frac{1}{2}(1-u)^2$$

$-1\leqq u<0$ のとき，

$$P(X-Y<u)=\frac{1}{2}(1+u)^2 \quad (\text{図を描いてみましょう.})$$

両辺を u で微分して

$$f_W(u)=\begin{cases} & (-1<u<0 \text{ のとき}) \\ & (0<u<1 \text{ のとき}) \\ & (\text{その他}) \end{cases}$$

$P(0<X<1)=P(0<Y<1)=1$ より

$$P(0<S=XY<1)=1$$

$0<u\leqq 1$ として

$$\begin{aligned}
F_S(u)&=P(XY<u)\\
&=\iint_{xy<u, 0<x<1, 0<y<1} dx\, dy\\
&=\int_0^u dx \int_0^1 dy + \int_u^1 dx \int_0^{\frac{u}{x}} dy\\
&=u+\int_u^1 \frac{u}{x} dx = u - u\log u
\end{aligned}$$

両辺を u で微分して

$$f_S(u)=\begin{cases} -\log u & (0<u<1 \text{ のとき}) \\ 0 & (\text{その他}) \end{cases}$$

④ X の分布 $=Y$ の分布 $=\mathrm{Exp}(1)$, X, Y は独立とします． $Z=X+Y$ と $W=Y/X$ の同時密度関数 $f_{(Z,W)}(z, w)$ を求めましょう．

まず，(X, Y) の同時密度関数

$$f_{(X,Y)}(x, y)=e^{-(x+y)} \quad x>0,\ y>0$$

また

$$f_{(Z,W)}(z, w) = f_{(X,Y)}(x, y)\frac{\mathrm{d}x\,\mathrm{d}y}{\mathrm{d}z\,\mathrm{d}w}$$
$$= f_{(X,Y)}(x, y)\left|\frac{\partial x}{\partial z}\frac{\partial y}{\partial w} - \frac{\partial x}{\partial w}\frac{\partial y}{\partial z}\right|$$

$z=x+y$, $w=\dfrac{y}{x}$ のとき，

$$x = \frac{z}{1+w},$$

$$y = \frac{wz}{1+w}$$

よって

$$\frac{\partial x}{\partial z} = \frac{1}{1+w},$$

$$\frac{\partial y}{\partial w} = \frac{z}{(1+w)^2},$$

$$\frac{\partial x}{\partial w} = -\frac{z}{(1+w)^2},$$

$$\frac{\partial y}{\partial z} = \frac{w}{1+w}$$

つまり

$$\left|\frac{\partial x}{\partial z}\frac{\partial y}{\partial w} - \frac{\partial x}{\partial w}\frac{\partial y}{\partial z}\right| = \left|\frac{z}{(1+w)^3} - \left(-\frac{wz}{(1+w)^3}\right)\right| = \frac{z}{(1+w)^2}$$

また，$x+y=z$ より求める同時密度関数は

$$f_{(Z,W)}(z, w) = \begin{cases} \mathrm{e}^{-z}\dfrac{z}{(1+w)^2} & (z>0,\ w>0\text{ のとき}) \\ 0 & (\text{その他}) \end{cases}$$

練習問題

① X の分布 $= Y$ の分布 $= \mathrm{N}(0, 1)$ で，X と Y は独立とする．$Z = X + Y$ の密度関数

$f_Z(u)$, $T=Y/X$ の密度関数 $f_T(u)$ をそれぞれ求めよ.

② X の分布＝Y の分布＝U(0, 1), X と Y は独立とする. $T=Y/X$ の密度関数 $f_T(u)$ を求めよ.

③ **自由度 (m, n) の F 分布** ($F_{m,n}$ と書く) とは以下の T の分布のこと. $T=X/Y$, ただし, X の分布 $=\dfrac{\chi_m^2}{m}$, Y の分布 $=\dfrac{\chi_n^2}{n}$ で, X と Y は独立.

(1) まず, X の密度関数 $f_X(x)$ を求めよ.
(2) $F_{m,n}$ の密度関数 $f_{F_{m,n}}(u)$ を求めよ.

④ **自由度 n の t 分布** (t_n と書く) とは以下の T の分布のこと. $T=X/Y$, ただし, Y の分布 $=\sqrt{\dfrac{\chi_n^2}{n}}$, X の分布＝N(0, 1) で, X と Y は互いに独立.

(1) まず, Y の密度関数 $f_Y(x)$ を求めよ.
(2) t_n の密度関数 $f_{t_n}(u)$ を求めよ.

⑤ X の分布＝Y の分布＝N(0, 1) で, X と Y は独立とする. 以下を求めよ.

(1) X^3 の密度関数
(2) $R=\sqrt{X^2+Y^2}$ の密度関数

答え

やってみましょうの答え

① $F_Y(x)=P(a\boxed{X}<x)=P\left(X<\boxed{\dfrac{x}{a}}\right)=F_X\left(\boxed{\dfrac{x}{a}}\right)$

$f_Y(x)=\dfrac{d}{dx}F_X\left(\boxed{\dfrac{x}{a}}\right)=f_X\left(\boxed{\dfrac{x}{a}}\right)\left(\boxed{\dfrac{1}{a}}\right)$

② $F(T<u)=P\left(\boxed{\dfrac{Y}{X}}<u\right)=\int_0^\infty f_X(x)dx\int_0^{\boxed{xu}} f_Y(y)dy$

$f_X(x)=\boxed{\lambda}e^{\boxed{-\lambda x}}$, $f_T(u)=\int_0^\infty \boxed{\lambda}e^{-\lambda x}\boxed{\lambda}e^{\boxed{-\lambda u x}}\boxed{x}\,dx$

③ $f_W(u)=\begin{cases} \boxed{u+1} & (-1<u<0 \text{ のとき}) \\ \boxed{1-u} & (0<u<1 \text{ のとき}) \\ \boxed{0} & (\text{その他}) \end{cases}$

④ $x=\boxed{\dfrac{z}{1+w}}$, $y=\boxed{\dfrac{wz}{1+w}}$

$$\frac{\partial x}{\partial z} = \boxed{\frac{1}{1+w}}, \quad \frac{\partial y}{\partial w} = \boxed{\frac{z}{(1+w)^2}}, \quad \frac{\partial x}{\partial w} = \boxed{\frac{-z}{(1+w)^2}}, \quad \frac{\partial y}{\partial z} = \boxed{\frac{w}{1+w}}$$

$$\left| \frac{\partial x}{\partial z}\frac{\partial y}{\partial w} - \frac{\partial x}{\partial w}\frac{\partial y}{\partial z} \right| = \left| \boxed{\frac{1}{1+w}} \boxed{\frac{z}{(1+w)^2}} - \boxed{\frac{-z}{(1+w)^2}} \boxed{\frac{w}{1+w}} \right| = \boxed{\frac{z}{(1+w)^2}}$$

練習問題の答え

① 正規分布の再生性より，Z の分布 $= N(0, 2)$（もちろん，$f_Z(u)$ の公式を用いても計算できるが少し面倒である．）

$$f_T(u) = \int_{-\infty}^{0} 1/\sqrt{2\pi}\, e^{-x^2/2} \cdot 1/\sqrt{2\pi}\, e^{-u^2 x^2/2}(-x)\,dx + \int_{0}^{\infty} 1/\sqrt{2\pi}\, e^{-x^2/2} \cdot 1/\sqrt{2\pi}\, e^{-u^2 x^2/2}(x)\,dx$$

$$= \frac{1}{\pi}\left[\frac{e^{-(1+u^2)x^2/2}}{1+u^2}\right]_{\infty}^{0} = \frac{1}{\pi(1+u^2)}$$

（この分布を**コーシー分布**という）

② $f_T(u) = \begin{cases} 1/2 & (0 < u < 1 \text{ のとき}) \\ 1/(2u^2) & (1 < u < \infty \text{ のとき}) \\ 0 & (\text{その他}) \end{cases}$

③ (1) $F_X(x) = P(X \leq x) = P(\chi_m^2 \leq mx) = F_{\chi_m^2}(mx)$ である．

$f_{\chi_m^2}(x) = \dfrac{1}{2^{m/2}\Gamma(m/2)} x^{m/2-1} e^{-x/2}, \quad (x>0)$ より，

$$f_X(x) = \frac{d}{dx}F_{\chi_m^2}(mx) = m f_{\chi_m^2}(mx) = \frac{m^{m/2}}{2^{m/2}\Gamma(m/2)} x^{m/2-1} e^{-mx/2}, \quad (x>0)$$

(2) $u > 0$ に対して，$f_{F_{m,n}}(u) = \int_0^{\infty} f_Y(y) f_X(uy)\, y\, dy$

$$= \int_0^{\infty} \frac{m^{m/2}}{2^{m/2}\Gamma(m/2)} (yu)^{m/2-1} e^{-myu/2} \frac{n^{n/2}}{2^{n/2}\Gamma(n/2)} y^{n/2-1} e^{-ny/2}\, y\, dy$$

$$= \frac{m^{m/2} n^{n/2}}{2^{(m+n)/2}\Gamma(m/2)\Gamma(n/2)} u^{m/2-1} \int_0^{\infty} y^{(m+n)/2-1} e^{-(mu+n)y/2}\, dy$$

$$= \frac{m^{m/2} n^{n/2}}{2^{(m+n)/2}\Gamma(m/2)\Gamma(n/2)} u^{m/2-1} \int_0^{\infty} \left(\frac{2x}{mu+n}\right)^{(m+n)/2-1} e^{-x} \frac{2\, dx}{mu+n}$$

$$= B(m/2, n/2)^{-1} (m/n)^{m/2} \frac{u^{m/2-1}}{(1+mu/n)^{(m+n)/2}} \quad (u > 0)$$

④ (1) $x > 0$ として，$F_Y(x) = P(\sqrt{\chi_n^2/n} \leq x) = P(\chi_n^2 \leq nx^2) = F_{\chi_n^2}(nx^2)$

両辺を x で微分して，$f_Y(x) = 2nx \cdot f_{\chi_n^2}(nx^2) = \dfrac{n^{n/2}}{2^{n/2-1}\Gamma(n/2)} x^{n-1} e^{-nx^2/2}, \quad (x>0)$

(2) $f_{t_n}(u) = \int_0^{\infty} f_X(uy) f_Y(y)\, y\, dy$

$$= \int_0^{\infty} \frac{1}{\sqrt{2\pi}} e^{-y^2 u^2/2} \frac{n^{n/2}}{2^{n/2-1}\Gamma(n/2)} y^n e^{-ny^2/2}\, dy$$

$$= \frac{n^{n/2}}{\sqrt{2\pi}\, 2^{n/2-1}\Gamma(n/2)} \int_0^{\infty} y^n e^{-(n+u^2)y^2/2}\, dy$$

$$=\frac{n^{n/2}}{\sqrt{2\pi}\,2^{n/2-1}\Gamma(n/2)}\int_0^\infty \left(\frac{2}{n+u^2}\right)^{\frac{n}{2}}(\sqrt{x})^n \mathrm{e}^{-x}\sqrt{2/(n+u^2)}\,\frac{\mathrm{d}x}{2\sqrt{x}}$$

$$=(1/\sqrt{n})\frac{1}{(1+u^2/n)^{(n+1)/2}}\frac{\Gamma((n+1)/2)}{\sqrt{\pi}\,\Gamma(n/2)}$$

$$=(1/\sqrt{n})\mathrm{B}(n/2,\ 1/2)^{-1}(1+u^2/n)^{-(n+1)/2}$$

⑤ (1) $f_{X^3}(x)=f_X(x^{\frac{1}{3}})\frac{1}{3x^{\frac{2}{3}}}=\frac{1}{3\sqrt{2\pi}}x^{-\frac{2}{3}}\mathrm{e}^{-\frac{x^{\frac{2}{3}}}{2}}$, (2) $u>0$ として, $F_R(u)=P(X^2+Y^2\leqq u^2)=$

$$\iint_{x^2+y^2\leqq u^2}(1/2\pi)\mathrm{e}^{-(x^2+y^2)/2}\mathrm{d}x\,\mathrm{d}y$$

$$=\int_0^u (1/2\pi)\mathrm{e}^{-r^2/2}r\,\mathrm{d}r\int_0^{2\pi}\mathrm{d}\theta\ \text{よって, 両辺を}\ u\ \text{で微分して}\ f_R(u)=u\mathrm{e}^{-u^2/2},\ (u>0)$$

15 確率母関数，モーメント母関数

この章では離散確率変数に対して確率母関数を定義し，一般の確率変数に対してモーメント母関数を定義します．これらは平均や分散を決定したり，分布の性質を導いたりするのに大変便利です．

定義と公式

確率母関数

離散確率変数 X に対して**確率母関数** $g_X(t)$ を

$$g_X(t)=E(t^X)=\sum_k t^k P(X=k)$$

と定義します．確率母関数の性質として，以下があげられます．

1. $g_X(1)=E(1^X)=E(1)=1$
2. $g'_X(t)=E\left(\dfrac{\mathrm{d}}{\mathrm{d}t}t^X\right)=E(Xt^{X-1})$, $g'_X(1)=E(X)$
3. $g''_X(t)=E\left(\dfrac{\mathrm{d}^2}{\mathrm{d}t^2}t^X\right)=E[X(X-1)t^{X-2}]$, $g''_X(1)=E[X(X-1)]$
4. $V(X)=E[X(X-1)]+E(X)-\{E(X)\}^2=g''_X(1)+g'_X(1)-\{g'_X(1)\}^2$
5. X の分布 $=Y$ の分布 $\iff g_X(t)=g_Y(t)$
6. X と Y が独立ならば，$g_{X+Y}(t)=E(t^{X+Y})=E(t^X)E(t^Y)=g_X(t)g_Y(t)$

モーメント母関数

確率変数 X に対して**モーメント母関数（積率母関数）**を

$$M_X(t)=E(\mathrm{e}^{tX})=\int_{-\infty}^{\infty}\mathrm{e}^{tx}f_X(x)\,\mathrm{d}x \quad \text{（連続の場合）}$$

$$M_X(t)=\sum_k \mathrm{e}^{tk}P(X=k)=g_X(\mathrm{e}^t) \quad \text{（離散の場合）}$$

と定義します．
モーメント母関数の性質として以下があげられます．

1. $M_X(0) = E(1) = 1$
2. $M'_X(t) = E\left(\dfrac{d}{dt}e^{tX}\right) = E(Xe^{tX})$, $M'_X(0) = E(X)$
3. $M''_X(t) = E\left(\dfrac{d^2}{dt^2}e^{tX}\right) = E(X^2 e^{tX})$, $M''_X(0) = E(X^2)$
4. $V(X) = E(X^2) - \{E(X)\}^2 = M''_X(0) - \{M'_X(0)\}^2$
5. $E(X^n) = M_X^{(n)}(0)$
6. X の分布 $= Y$ の分布 $\iff M_X(t) = M_Y(t)$
7. X と Y が独立なら，$M_{X+Y}(t) = E[e^{t(X+Y)}] = E(e^{tX})E(e^{tY}) = M_X(t)M_Y(t)$

公式の使い方（例）

① X の分布が $B(n, p)$ のとき，$g_X(t)$, $E(2^X)$, $E(X)$, $E(X2^X)$, $V(X)$, $M_X(t)$ を求めましょう．また，Y の分布が $B(m, p)$ で，X と Y は独立のとき，$X+Y$ の分布を求めましょう．ただし，以下において $q = 1 - p$ とします．

$$g_X(t) = E(t^X) = \sum_{k=0}^{n} {}_nC_k p^k q^{n-k} t^k = \sum_{k=0}^{n} {}_nC_k (pt)^k q^{n-k} = (pt+q)^n$$

$$E(2^X) = g_X(2) = (2p+q)^n = (1+p)^n$$

$$g'_X(t) = \dfrac{d}{dt}(pt+q)^n = n(pt+q)^{n-1}p,$$

$$E(X) = g'_X(1) = np$$

$g'_X(2) = E(X 2^{X-1})$ より，$E(X2^X) = 2g'_X(2) = 2np(2p+q)^{n-1} = 2np(1+p)^{n-1}$

$g''_X(t) = \dfrac{d^2}{dt^2}(pt+q)^n = n(n-1)(pt+q)^{n-2}p^2$ なので，

$$E[X(X-1)] = g''_X(1) = n(n-1)p^2$$

ゆえに

$$V(X) = E[X(X-1)] + E(X) - \{E(X)\}^2$$
$$= n(n-1)p^2 + np - (np)^2 = npq$$

$$M_X(t) = E(e^{tX}) = E[(e^t)^X] = g_X(e^t) = (pe^t + q)^n$$

$X+Y$ の分布を求めるために $g_{X+Y}(t)$ を求めましょう．

$$g_{X+Y}(t) = E(t^{X+Y}) = E(t^X t^Y) = E(t^X)E(t^Y)$$
$$= (pt+q)^n (pt+q)^m = (pt+q)^{m+n} = g_{B(m+n,p)}(t)$$

つまり $X+Y$ の分布は $B(m+n, p)$ となります（2項分布の再生性）．

② X の分布が $Ge(p)$ のとき，$g_X(t)$ を求め，それを用いて $E(X)$ および $V(X)$ も求めましょう．ただし，以下において，$q = 1-p$ とします．

$$g_X(t) = E(t^X) = \sum_{k=0}^{\infty} pq^k t^k = \sum_{k=0}^{\infty} p(qt)^k = \frac{p}{1-qt}$$

$g'_X(t) = \dfrac{d}{dt}\dfrac{p}{1-qt} = \dfrac{pq}{(1-qt)^2}$ なので，

$$E(X) = g'_X(1) = \frac{q}{p}$$

また，

$$g''_X(t) = \frac{d^2}{dt^2}\frac{p}{1-qt} = \frac{2pq^2}{(1-qt)^3},$$

$$E[X(X-1)] = g''_X(1) = \frac{2q^2}{p^2}$$

なので

$$V(X) = E[X(X-1)] + E(X) - \{E(X)\}^2 = \frac{2q^2}{p^2} + \frac{q}{p} - \frac{q^2}{p^2} = \frac{q}{p^2}$$

となります．

③ X の分布 $= N(0, 1)$，Y の分布 $= N(\mu, \sigma^2)$ のとき，$M_X(t)$, $E(X)$, $V(X)$, $E(X^4)$, $M_Y(t)$, $E(Y)$, $V(Y)$, $E(Y^3)$ を求めましょう．

$$M_X(t) = E(e^{tX}) = \int_{-\infty}^{\infty} e^{tx}\left(\frac{1}{\sqrt{2\pi}}\right)e^{-\frac{x^2}{2}}dx = \frac{1}{\sqrt{2\pi}}\int_{-\infty}^{\infty} e^{-\frac{x^2}{2}+tx}dx$$

$$= e^{\frac{t^2}{2}}\frac{1}{\sqrt{2\pi}}\int_{-\infty}^{\infty} e^{-\frac{(x-t)^2}{2}}dx = e^{\frac{t^2}{2}}\frac{1}{\sqrt{2\pi}}\int_{-\infty}^{\infty} e^{-\frac{x^2}{2}}dx$$

$$= e^{\frac{t^2}{2}}\frac{2}{\sqrt{2\pi}}\int_{0}^{\infty} e^{-u}u^{-\frac{1}{2}}\left(\frac{\sqrt{2}}{2}\right)du = e^{\frac{t^2}{2}}\left(\frac{1}{\sqrt{\pi}}\right)\Gamma\left(\frac{1}{2}\right) = e^{\frac{t^2}{2}}$$

$M'_X(t) = te^{\frac{t^2}{2}}$ なので,

$$E(X) = M'_X(0) = 0$$

$M''_X(t) = e^{\frac{t^2}{2}} + t^2 e^{\frac{t^2}{2}}, \ E(X^2) = M''_X(0) = 1$ より

$$V(X) = E(X^2) - \{E(X)\}^2 = 1$$

$f(t) = M_X(t)$ とおくと,

$$f'(t) = te^{\frac{t^2}{2}} = tf(t),$$
$$f''(t) = tf'(t) + f(t),$$
$$f^{(3)}(t) = tf''(t) + 2f'(t),$$
$$f^{(4)}(t) = tf^{(3)}(t) + 3f''(t)$$

ゆえに

$$E(X^4) = M_X^{(4)}(0) = 3f''(0) = 3$$

(別解　ガンマ関数を使ってもよい.)

Y は $\mu + \sigma X$ と同じ分布なので

$$M_Y(t) = E(e^{t(\mu + \sigma X)}) = e^{\mu t} M_X(\sigma t) = e^{\mu t + \frac{\sigma^2 t^2}{2}}$$

$M'_Y(t) = (\mu + \sigma^2 t) M_Y(t)$ なので,

$$E(Y) = M'_Y(0) = \mu,$$
$$M''_Y(t) = \sigma^2 M_Y(t) + (\mu + \sigma^2 t) M'_Y(t),$$

より, $E(Y^2) = M''_Y(0) = \sigma^2 + \mu^2$ になるので,

$$V(Y) = E(Y^2) - \{E(Y)\}^2 = \sigma^2$$

また, $M^{(3)}(t) = \sigma^2 M'_Y(t) + \sigma^2 M'_Y(t) + (\mu + \sigma^2 t) M''_Y(t)$ より,

$$E(Y^3) = \mu\sigma^2 + \mu\sigma^2 + \mu(\mu^2 + \sigma^2) = 3\mu\sigma^2 + \mu^3$$

(別解　$Y^3 = \{(Y-\mu) + \mu\}^3 = (Y-\mu)^3 + 3(Y-\mu)^2 \mu + 3(Y-\mu)\mu^2 + \mu^3$ を使ってもよい.)

やってみましょう

① X の分布が $\mathrm{Be}(p)$ のとき, $g_X(t)$ を求めてみましょう.

$$g_X(t) = P(X=\boxed{}) + P(X=\boxed{})t = \boxed{} + \boxed{}t$$

また，X_1 の分布 $= X_2$ の分布 $= \cdots = X_n$ の分布 $= X$ の分布となっていて，以上は独立とし，$Y = X_1 + X_2 + \cdots + X_n$ とおくとき，$g_Y(t)$ を求め，Y の分布を求めましょう．

$$g_Y(t) = E(t^{X_1+X_2+\cdots+X_n}) = E(\boxed{})E(\boxed{})\cdots E(\boxed{})$$

$$= (\boxed{} + \boxed{}t)(\boxed{} + \boxed{}t)\cdots(\boxed{} + \boxed{}t)$$

$$= (\boxed{} + \boxed{}t)^n$$

$g_Y(t) = g_{B(n,p)}(t)$ より，Y の分布 $= B(\boxed{})$ です．

② X の分布 $= \text{Po}(\lambda)$ のとき，$g_X(t)$, $E(X)$, $E(X2^X)$, $V(X)$, $M_Y(t)$ を求めましょう．

$$g_X(t) = \sum_{k=0}^{\infty}\left(\frac{e^{-\lambda}\lambda^k}{k!}\right)t^k = e^{-\lambda}\sum_{k=0}^{\infty}\frac{\boxed{}}{k!} = e^{-\lambda}e^{\boxed{}} = e^{\boxed{}}$$

$g'_X(t) = \boxed{}$ より，

$$E(X) = g'_X(1) = \boxed{},$$

$$E(X2^X) = 2g'_X(2) = \boxed{}$$

$g''_X(t) = \boxed{}$,

ゆえに，$E[X(X-1)] = g''_X(1) = \boxed{}$

$$V(X) = E[X(X-1)] + E(X) - \{E(X)\}^2 = \boxed{} + \boxed{} - \boxed{} = \boxed{}$$

$$M_X(t) = g_X(e^t) = \boxed{}$$

③ X の分布 $= \text{Exp}(\lambda)$ のとき，$M_X(t)$, $E(X)$, $E(Xe^{3X})$ を求めましょう．

$$M_X(t) = \int_0^{\infty} e^{tx}\lambda e^{-\lambda x}dx = \lambda\int_0^{\infty}\boxed{}dx$$

$$= \lambda \left[\boxed{} \right]_0^\infty = \lambda \cdot \boxed{} \cdot 1$$

$$= \frac{\lambda}{\boxed{}} \quad (\text{ただし } t<\lambda \text{ の範囲で})$$

$$M'_X(t) = \boxed{} \left(\boxed{} \right)^{-2},$$

$$E(X) = \frac{1}{\lambda},$$

$$E(Xe^{3X}) = M'_X(3) = \frac{\boxed{}}{\left(\boxed{}\right)^2} \quad (\text{ただし } 3<\lambda \text{ のとき．それ以外では発散})$$

練習問題

① (1) $g_{\text{NB}(n,p)}(t)$, (2) $M_{\text{U}(a,b)}(t)$ を求めよ．

② 確率母関数，モーメント母関数を用いて，ポアソン分布，負の2項分布，Γ分布，正規分布の再生性を示せ．

③ X_1 の分布 $= X_2$ の分布 $= \cdots = X_n$ の分布 $= \cdots = \text{Po}(\lambda)$ で，これらは独立とする．このとき，$Y_n = \dfrac{X_1 + X_2 + \cdots + X_n}{n}$ のモーメント母関数を求め，$\lim_{n\to\infty} Y_n = \lambda$ を示せ．
また，$Y'_n = \dfrac{X_1 + X_2 + \cdots + X_n - n\lambda}{\sqrt{n\lambda}}$ のモーメント母関数を求め，Y'_n の分布の極限が $\text{N}(0, 1)$ であることを示せ．

④ X_1 の分布 $= X_2$ の分布 $= \cdots = X_n$ の分布 $= \cdots = \text{Exp}(\lambda)$ で，これらは独立とする．このとき，$Y_n = \dfrac{X_1 + X_2 + \cdots + X_n}{n}$ のモーメント母関数を求め，$\lim_{n\to\infty} Y_n = \dfrac{1}{\lambda}$ を示せ．
また，$Y'_n = \dfrac{X_1 + X_2 + \cdots + X_n - \dfrac{n}{\lambda}}{\dfrac{\sqrt{n}}{\lambda}}$ のモーメント母関数を求め，Y'_n の分布の極限が $\text{N}(0, 1)$ であることを示せ．

答え

やってみましょうの答え

① $g_X(t) = P(X=\boxed{0}) + P(X=\boxed{1})t = \boxed{q} + \boxed{p}t$

$g_Y(t) = E(\boxed{t^{X_1}})E(\boxed{t^{X_2}}) \cdots E(\boxed{t^{X_n}})$

$= (\boxed{q} + \boxed{p}t)(\boxed{q} + \boxed{p}t) \cdots (\boxed{q} + \boxed{p}t) = (\boxed{q} + \boxed{p}t)^n$

Y の分布 $= B\boxed{(n, p)}$

② $g_X(t) = e^{-\lambda} \sum_{k=0}^{\infty} \frac{(\lambda t)^k}{k!} = e^{-\lambda} e^{\boxed{\lambda t}} = e^{\boxed{\lambda(t-1)}}$

$g'_X(t) = \boxed{\lambda e^{\lambda(t-1)}}$ より,

$E(X) = \boxed{\lambda}$, $E(X2^X) = \boxed{2\lambda e^{\lambda}}$

$g''_X(t) = \boxed{\lambda^2 e^{\lambda(t-1)}}$,

$E(X(X-1)) = \boxed{\lambda^2}$

$V(X) = \boxed{\lambda^2} + \boxed{\lambda} - \boxed{\lambda^2} = \boxed{\lambda}$

$M_X(t) = \boxed{e^{\lambda(e^t - 1)}}$

③ $M_X(t) = \lambda \int_0^{\infty} \boxed{e^{-(\lambda-t)x}} dx$

$= \lambda \left[\boxed{\frac{e^{-(\lambda-t)x}}{-(\lambda-t)}} \right]_0^{\infty} = \lambda \boxed{\frac{1}{\lambda-t}} = \boxed{\frac{\lambda}{\lambda-t}}$

$M'_X(t) = \boxed{\lambda}(\boxed{\lambda-t})^{-2}$,

$E(Xe^{3X}) = \frac{\boxed{\lambda}}{(\boxed{\lambda-3})^2}$

練習問題の答え

① (1) $NB(n, p)$ は独立な n 個の $Ge(p)$ の和なので, $g_{NB(n,p)}(t) = \{g_{Ge(p)}(t)\}^n = \left(\frac{p}{1-qt}\right)^n$ ただし, $q = 1-p$.

(2) $M_{U(a,b)}(t) = \int_a^b e^{tx} \frac{1}{b-a} dx = \frac{e^{bt} - e^{at}}{(b-a)t}$

② ポアソン分布については, X の分布 $= Po(\lambda_1)$, Y の分布 $= Po(\lambda_2)$, X, Y を独立とすると

$g_{X+Y}(t) = g_{Po(\lambda_1)}(t) g_{Po(\lambda_2)}(t) = e^{(\lambda_1+\lambda_2)(t-1)} = g_{Po(\lambda_1+\lambda_2)}(t)$

よって $X+Y$ の分布 $= Po(\lambda_1+\lambda_2)$.

また, 正規分布については, X の分布 $= N(\mu_1, \sigma_1^2)$, Y の分布 $= N(\mu_2, \sigma_2^2)$, X と Y は独立とすると,

$$M_{X+Y}(t) = M_X(t)M_Y(t)$$
$$= \exp\left\{(\mu_1+\mu_2)t + \frac{\sigma_1^2+\sigma_2^2}{2}t\right\}$$
$$= M_{N(\mu_1+\mu_2,\sigma_1^2+\sigma_2^2)}(t)$$

よって，$X+Y$ の分布 $= N(\mu_1+\mu_2, \sigma_1^2+\sigma_2^2)$

負の2項分布と Γ 分布についても同様

③ $M_{Y_n}(t) = M_X\left(\dfrac{t}{n}\right)^n = (e^{\lambda(e^{\frac{t}{n}}-1)})^n = e^{\lambda n(e^{\frac{t}{n}}-1)}$

$\xrightarrow[(n\to\infty)]{} e^{\lambda t} = M_\lambda(t)$ つまり，$Y_n \xrightarrow[(n\to\infty)]{} \lambda$ （定数）

> これは大数の法則です．

$M_{Y'_n}(t) = e^{-\sqrt{n\lambda}\,t}\{M_X(t/\sqrt{n\lambda})\}^n = e^{-\sqrt{n\lambda}\,t}\exp\{n\lambda(e^{\frac{t}{\sqrt{n\lambda}}}-1)\}$

> 極限を計算するにはテイラー展開を用いるのが最もよいでしょう．

$\xrightarrow[(n\to\infty)]{} e^{\frac{t^2}{2}} = M_{N(0,1)}(t)$

つまり，$Y'_n \xrightarrow[(n\to\infty)]{} N(0, 1)$

> これは，中心極限定理です．

④ $M_{Y_n}(t) = M_X\left(\dfrac{t}{n}\right)^n = \left(\dfrac{1}{1-\dfrac{t}{n\lambda}}\right)^n \to e^{\frac{t}{\lambda}} = M_{\frac{1}{\lambda}}(t)$

つまり，$Y_n \longrightarrow \dfrac{1}{\lambda}$ （定数）（大数の法則）

$M_{Y'_n}(t) = e^{-\sqrt{n}\,t}\{M_X\left(\dfrac{t\lambda}{\sqrt{n}}\right)\}^n = e^{-\sqrt{n}\,t}\left(\dfrac{1}{1-\dfrac{t}{\sqrt{n}}}\right)^n$

> 極限を計算するにはテイラー展開を用いるのが最もよいでしょう．

$\xrightarrow[(n\to\infty)]{} e^{\frac{t^2}{2}} = M_{N(0,1)}(t)$

つまり，$Y'_n \xrightarrow[(n\to\infty)]{} N(0, 1)$

> これは，中心極限定理です．

16 多次元正規分布と多項分布

定 義 と 公 式

2 次元正規分布

$X \sim N(0, 1)$, $Y \sim N(0, 1)$ で，X と Y は独立とします．このとき

$$\begin{pmatrix} S \\ T \end{pmatrix} = \begin{pmatrix} a & b \\ c & d \end{pmatrix} \begin{pmatrix} X \\ Y \end{pmatrix} + \begin{pmatrix} \mu_1 \\ \mu_2 \end{pmatrix}$$

によって定義される 2 つの確率変数 S と T の 2 次元同時分布を **2 次元正規分布** といいます．

すると，$\begin{pmatrix} S \\ T \end{pmatrix}$ の同時密度関数は第 14 章の議論より

$$f_{(S,T)}(u, v) = f_{(X,Y)}(x, y) \left| \det \begin{pmatrix} \dfrac{\partial x}{\partial u} & \dfrac{\partial x}{\partial v} \\ \dfrac{\partial y}{\partial u} & \dfrac{\partial y}{\partial v} \end{pmatrix} \right|$$

$$= \frac{1}{2\pi} e^{-\frac{x^2+y^2}{2}} |ad-bc|^{-1}$$

となり，さらに

$$x^2 + y^2 = (x, y) \begin{pmatrix} x \\ y \end{pmatrix}$$

$$= (u-\mu_1, v-\mu_2)\,{}^t(A^{-1}) A^{-1} \begin{pmatrix} u-\mu_1 \\ v-\mu_2 \end{pmatrix}$$

$$= (u-\mu_1, v-\mu_2)(A\,{}^tA)^{-1} \begin{pmatrix} u-\mu_1 \\ v-\mu_2 \end{pmatrix} = (u-\mu_1, v-\mu_2) V^{-1} \begin{pmatrix} u-\mu_1 \\ v-\mu_2 \end{pmatrix}$$

となります．ただし，

$$A = \begin{pmatrix} a & b \\ c & d \end{pmatrix}, \quad V = A\,{}^tA$$

とおきました．ここで ${}^tA$ は行列 A の転置を表しています．V は非負定値対称行列で，(S, T) の **分散共分散行列** と呼ばれます．実際

$$V = \begin{pmatrix} V(S) & \text{Cov}(S, T) \\ \text{Cov}(T, S) & V(T) \end{pmatrix} = \begin{pmatrix} \sigma_1^2 & \rho\sigma_1\sigma_2 \\ \rho\sigma_1\sigma_2 & \sigma_2^2 \end{pmatrix}$$

となります．

$$\det(V) = \det(A\,{}^tA) = \det(A)\det({}^tA) = \{\det(A)\}^2$$

に注意して以上の議論をまとめると，

$$f_{(S,T)}(u, v) = \frac{1}{2\pi\sqrt{\det(V)}} \exp\left\{-\frac{1}{2}(u-\mu_1, v-\mu_2)V^{-1}\begin{pmatrix} u-\mu_1 \\ v-\mu_2 \end{pmatrix}\right\}$$

であり，最初からこれを2次元正規分布の同時密度関数としている本も多くあります．記号では，$(S, T) \sim \text{N}\left(\begin{pmatrix} \mu_1 \\ \mu_2 \end{pmatrix}, V\right)$ と書きます．多次元モーメント母関数

$$E(e^{\alpha S + \beta T}) = \exp\left\{(\alpha, \beta)\begin{pmatrix} \mu_1 \\ \mu_2 \end{pmatrix} + \left(\frac{1}{2}\right)(\alpha, \beta)V\begin{pmatrix} \alpha \\ \beta \end{pmatrix}\right\}$$

もそれほど難しくない計算（平方完成）により求められます．

特に，$\mu_1 = \mu_2 = 0$ という場合には，

$$f_{(S,T)}(u, v) = \frac{1}{2\pi\sigma_1\sigma_2\sqrt{1-\rho^2}} \exp\left\{\left(-\frac{1}{2(1-\rho^2)}\right)\left(\frac{u^2}{\sigma_1^2} - 2\rho\frac{uv}{\sigma_1\sigma_2} + \frac{v^2}{\sigma_2^2}\right)\right\}$$

と具体的に表されます．ただし，$\sigma_1^2 = V(S)$, $\sigma_2^2 = V(T)$, $\rho = \rho(S, T)$ とおきました．

後に見るように，周辺分布や条件つき分布（ただし条件は1次式）は，すべて正規分布となります．簡単のため2次元で述べましたが，n次元の場合も同様に定義できます．

多項分布

ここで，多次元正規分布の離散版と考えられる多項分布について述べておきます．簡単のため，3項分布で説明します．1回の試行で3種類の結果 A, B, C のどれか1つは必ず起こるとし，A が起こる確率が p_1, B が起こる確率が p_2,（必然的に C が起こる確率は $1-p_1-p_2$）とします．この試行を独立に n 回行うとすると，A, B がそれぞれ起こる回数を X, Y とすれば（C が起こる回数は $n-X-Y$）$0 \leq k$, l, $k+l \leq n$ に対して

$$P(X=k \text{ かつ } Y=l) = \frac{n!}{k!\,l!\,(n-k-l)!} p_1^k p_2^l (1-p_1-p_2)^{n-k-l}$$

この2次元離散確率変数 (X, Y) の同時分布を**多項分布**と呼び，$(X, Y) \sim \text{mul}(n; p_1, p_2)$ と表すことにします．種類が増えても同様です．以下の「やってみよう」の②で見るように，周

辺分布は2項分布です．

多項分布の順序統計量への応用

$X_1, X_2, \cdots, X_n$ を独立で同分布な確率変数で共通の密度関数 $f(x)$，分布関数 $F(x)$ をもっているとします．並べ替えて，$X_{(1)} \leq X_{(2)} \leq \cdots \leq X_{(n)}$ とするとき，$X_{(i)}$ を**順序統計量**と呼びます．

このとき

$$f_{X_{(i)}}(x) = \frac{n!}{(i-1)!(n-i)!} F(x)^{i-1} \{1-F(x)\}^{n-i} f(x)$$

となります．なぜなら，n 個のうち，$i-1$ 個が x 以下で $n-i$ 個が x 以上となるからです．特に

$$X_{(n)} = \max\{X_1, \cdots, X_n\}, \quad X_{(1)} = \min\{X_1, \cdots, X_n\}$$

となるので

$$f_{\max}(x) = nF(x)^{n-1} f(x),$$
$$f_{\min}(x) = n\{1-F(x)\}^{n-1} f(x)$$

となります．また，同時分布に関しては，$i<j$，$x<y$ として

$$f_{(X_{(i)}, X_{(j)})}(x, y) = \frac{n!}{(i-1)!(j-i-1)!(n-j)!} F(x)^{i-1} \{F(y)-F(x)\}^{j-i-1} \{1-F(y)\}^{n-j} f(x) f(y)$$

が同様の考え方で導かれます．

公式の使い方（例）

(1) $(S, T) \sim N\left(\begin{pmatrix} 0 \\ 0 \end{pmatrix}, V\right)$ のとき，周辺分布 S を求めましょう．

$$\begin{aligned}
f_S(u) &= \int_{-\infty}^{\infty} f_{(S,T)}(u, v) \, dv \\
&= \frac{1}{2\pi\sigma_1\sigma_2\sqrt{1-\rho^2}} \int_{-\infty}^{\infty} \exp\left\{-\frac{1}{2(1-\rho^2)}\left(\frac{u^2}{\sigma_1^2} - 2\rho\frac{uv}{\sigma_1\sigma_2} + \frac{v^2}{\sigma_2^2}\right)\right\} dv \\
&= \frac{1}{2\pi\sigma_1\sigma_2\sqrt{1-\rho^2}} \int_{-\infty}^{+\infty} \exp\left\{-\frac{1}{2\sigma_2^2(1-\rho^2)}\left(v - \frac{\rho\sigma_2 u}{\sigma_1}\right)^2 - \frac{u^2}{2\sigma_1^2}\right\} dv \\
&= \frac{1}{\sqrt{2\pi}\sigma_1} \exp\left(\frac{-u^2}{2\sigma_1^2}\right)
\end{aligned}$$

つまり，

$$S \sim N(0, \sigma_1^2)$$

(2) 正しいサイコロを20回投げるとき，1, 2の目があわせて k 回出て，3, 4, 5の目があわせて l 回出る確率を求めましょう．

$$\frac{20!}{k!\,l!\,(20-k-l)!}\left(\frac{1}{3}\right)^k\left(\frac{1}{2}\right)^l\left(\frac{1}{6}\right)^{20-k-l}$$

(3) $X_1, X_2, \cdots, X_n$ を独立で同分布な確率変数で共通の密度関数 $f(x)$，分布関数 $F(x)$ をもっているとします．このとき，$Y=\max\{X_1, \cdots, X_n\}$ の分布関数と密度関数を求めましょう．

$$F_Y(x) = P(\max\{X_1, \cdots, X_n\} < x)$$
$$= P(X_1 < x \text{ かつ } \cdots \text{ かつ } X_n < x) = P(X_1 < x) \cdots P(X_n < x) = F(x)^n$$

微分して

$$f_Y(x) = \frac{d}{dx} F_Y(x) = \frac{d}{dx} F(x)^n = n F(x)^{n-1} f(x)$$

やってみましょう

① $(S, T) \sim N\left(\begin{pmatrix}0\\0\end{pmatrix}, V\right)$ のとき，多次元モーメント母関数を用いて $S+T$ の分布を求めましょう．

$$M_{S+T}(\alpha) = E(e^{\alpha(S+T)})$$

$$= \exp\left\{\frac{1}{2}\left(\quad\quad\right) V \left(\quad\quad\right)\right\}$$

$$= e^{\quad\quad}$$

よって

$$S+T \sim N(0, \quad\quad)$$

② $(X, Y) \sim \text{mul}(n; p_1, p_2)$ のとき，X の周辺分布を求めましょう．また，$E(X)$，$V(X)$ を求めましょう．$X+Y$ の周辺分布を求めましょう．$V(X+Y)$ を求めることにより，$\text{Cov}(X, Y)$ を求めましょう．

実は何も計算しなくても答えはわかります．X だけに着目するということは，1 回の試行で A が起こるか起こらないかだけをみればよいので

$$X \sim \mathrm{B}(n,\ p_1)$$

$$\therefore\ E(X) = \boxed{},\quad V(X) = \boxed{}$$

同様に

$$X + Y \sim \mathrm{B}(n,\ p_1 + p_2)$$

$$\therefore\ V(X+Y) = n(\boxed{})(1 - p_1 - p_2)$$

また，

$$V(X+Y) = V(X) + 2\mathrm{Cov}(X,\ Y) + V(Y)$$

より

$$2\mathrm{Cov}(X,\ Y) = V(X+Y) - \boxed{} - \boxed{}$$

$$= n(\boxed{})(\boxed{}) - \boxed{} - \boxed{}$$

$$= \boxed{}$$

$$\therefore\ \mathrm{Cov}(X,\ Y) = \boxed{}$$

③ $X_1,\ X_2,\ \ldots,\ X_n$ を独立で同分布な確率変数で共通の密度関数 $f(x)$，分布関数 $F(x)$ をもっているとします．このとき，$Z = \min\{X_1,\ \ldots,\ X_n\}$ の分布関数と密度関数を求めましょう．

$$F_Z(x) = P(\min\{X_1,\ \ldots,\ X_n\} < x) = 1 - P(\min\{X_1,\ \ldots,\ X_n\} \geqq x)$$

$$= 1 - P(X_1 \geqq x\ \text{かつ}\ \ldots\ \text{かつ}\ X_n \geqq x)$$

$$= 1 - P(\boxed{}) \ldots P(\boxed{}) = 1 - (\boxed{})^n$$

微分して

$$f_Z(x) = \frac{\mathrm{d}}{\mathrm{d}x} F_Z(x) = \frac{\mathrm{d}}{\mathrm{d}x}\left\{1 - (\boxed{})^n\right\} = n(\boxed{})^{n-1}\boxed{}$$

練習問題

① $(X, Y) \sim N\left(\begin{pmatrix} 3 \\ 4 \end{pmatrix}, \begin{pmatrix} 5 & 3 \\ 3 & 4 \end{pmatrix}\right)$

について，次を求めよ．

(1) 同時密度関数 $f_{(X,Y)}(x, y)$

(2) $E(X)$, $E(Y)$, $V(X)$, $V(Y)$, $\text{Cov}(X, Y)$, $E(X^2)$, $V(X-Y)$

(3) $E(e^{\alpha X + \beta Y})$

(4) Y の分布，X の分布

(5) $X=x$ のときの Y の条件つき密度関数 $f_{(Y|X)}(y|x) = \dfrac{f_{(X,Y)}(x, y)}{f_X(x)}$

② $(X, Y) \sim \text{mul}(n; p_1, p_2)$ のとき，次を求めよ．

(1) $E(X^2)$, (2) $V(X-Y)$, (3) $E(e^{\alpha X + \beta Y})$

③ $X_i \sim U(0, 1)$, $X_1, X_2, \cdots X_n$ は独立同分布とする．これらを並べ替えて，順序統計量 $X_{(1)} \leq X_{(2)} \leq \cdots \leq X_{(n)}$ を作る．このとき，次を求めよ．

(1) $X_{(i)}$ の密度関数 $f_{X_{(i)}}(x)$, $E(X_{(i)})$, $V(X_{(i)})$

(2) $i<j$ として $(X_{(i)}, X_{(j)})$ の同時密度関数 $f_{(X_{(i)}, X_{(j)})}(x, y)$, $E[X_{(i)}(1-X_{(j)})]$, $\text{Cov}(X_{(i)}, X_{(j)})$

(3) 標本範囲 $R_n = X_{(n)} - X_{(1)}$ の密度関数 $f_{R_n}(x)$ と $E(R_n)$, $E(R_n^m)$

答え

やってみましょうの答え

① $M_{S+T}(\alpha) = E(e^{\alpha(S+T)}) = \exp\left\{\dfrac{1}{2}(\boxed{\alpha, \alpha}) V\begin{pmatrix} \boxed{\alpha} \\ \boxed{\alpha} \end{pmatrix}\right\} = e^{\boxed{\frac{1}{2}(\sigma_1^2 + 2\rho\sigma_1\sigma_2 + \sigma_2^2)\alpha^2}}$

$S+T \sim N(0, \boxed{\sigma_1^2 + 2\rho\sigma_1\sigma_2 + \sigma_2^2})$

② $X \sim B(n, p_1)$ ∴ $E(X) = \boxed{np_1}$, $V(X) = \boxed{np_1(1-p_1)}$

$X+Y \sim B(n, p_1+p_2)$ ∴ $V(X+Y) = n(\boxed{p_1+p_2})(1-p_1-p_2)$

$2\text{Cov}(X, Y) = V(X+Y) - \boxed{V(X)} - \boxed{V(Y)} = n(\boxed{p_1+p_2})(\boxed{1-p_1-p_2}) - \boxed{np_1(1-p_1)}$

$-\boxed{np_2(1-p_2)} = \boxed{-2np_1p_2}$ ∴ $\text{Cov}(X, Y) = \boxed{-np_1p_2}$

③ $F_Z(x) = 1 - P(X_1 \geq x \text{ かつ } \dots \text{ かつ } X_n \geq x) = 1 - P(\boxed{X_1 \geq x}) \cdots P(\boxed{X_n \geq x})$

$= 1 - (\boxed{1 - F(x)})^n$

微分して　$f_Z(x) = \dfrac{d}{dx} F_Z(x) = \dfrac{d}{dx}\{1-(\boxed{1-F(x)})^n\} = n(\boxed{1-F(x)})^{n-1}\boxed{f(x)}$

練習問題の答え

(1) $f_{(X,Y)}(x, y) = \dfrac{1}{2\pi\sqrt{11}} \exp\left\{\left(-\dfrac{1}{22}\right)(4(x-3)^2 - 6(x-3)(y-4) + 5(y-4)^2)\right\}$

(2) $E(X)=3,\ E(Y)=4,\ V(X)=5,\ V(Y)=4,\ \mathrm{Cov}(X,Y)=3,\ E(X^2)=V(X)+\{E(X)\}^2$
$=14,\ V(X-Y)=V(X)-2\mathrm{Cov}(X,Y)+V(Y)=5-6+4=3$

(3) $\exp\left\{3\alpha + 4\beta + \dfrac{1}{2}(5\alpha^2 + 6\alpha\beta + 4\beta^2)\right\}$

(4) $f_Y(y) = \displaystyle\int_{-\infty}^{+\infty} f_{(X,Y)}(x, y)\,dx = \dfrac{1}{2\pi\sqrt{11}} \int_{-\infty}^{+\infty} \exp\left[-\dfrac{4}{22}\left\{(x-3) - \dfrac{3}{4}(y-4)\right\}^2\right] \exp\left\{-\dfrac{(y-4)^2}{8}\right\}$

$dx = \dfrac{1}{\sqrt{8\pi}} \exp\left\{-\dfrac{(y-4)^2}{8}\right\}$　よって，$Y \sim N(4, 4)$，同様に $X \sim N(3, 5)$

(5) $\dfrac{f_{(X,Y)}(x, y)}{f_X(x)} = \dfrac{1}{\sqrt{2\pi 11/5}} \exp\left[\left(-\dfrac{5}{22}\right)\left\{(y-4) - \dfrac{3(x-3)}{5}\right\}^2\right]$

∴　$X=x$ のもとでの Y の条件つき分布は $N\left(4+\dfrac{3}{5}(x-3),\ \dfrac{11}{5}\right)$

② (1) $E(X^2) = V(X) + \{E(X)\}^2 = np_1(1-p_1) + n^2p_1^2$

(2) やってみましょうの②より $\mathrm{Cov}(X,Y) = -np_1p_2$ なので
$V(X-Y) = V(X) - 2\mathrm{Cov}(X,Y) + V(Y) = np_1(1-p_1) + 2np_1p_2 + np_2(1-p_2)$

(3) $E(e^{\alpha X + \beta Y}) = \sum e^{\alpha k + \beta l} \dfrac{n!}{k!l!(n-k-l)!} p_1^k p_2^l (1-p_1-p_2)^{n-k-l} = (e^\alpha p_1 + e^\beta p_2 + 1 - p_1 - p_2)^n$

③ (1) $f_{X_{(i)}}(x) = \dfrac{n!}{(i-1)!(n-i)!} x^{i-1}(1-x)^{n-i}\ (0<x<1)$　（ベータ分布になる）

$E(X_{(i)}) = E(\beta(i, n-i+1)) = \dfrac{i}{i+n-i+1} = \dfrac{i}{n+1}$

$V(X_{(i)}) = V(\beta(i, n-i+1)) = \dfrac{i(n-i+1)}{(n+1)^2(n+2)}$

(2) $0<x<y<1$ として，$f_{(X_{(i)}, X_{(j)})}(x, y) = \dfrac{n!}{(i-1)!(j-i-1)!(n-j)!} x^{i-1}(y-x)^{j-i-1}(1-y)^{n-j}$

$E(X_{(i)}(1-X_{(j)})) = \displaystyle\iint_{0<x<y<1} x(1-y) \dfrac{n!}{(i-1)!(j-i-1)!(n-j)!} x^{i-1}(y-x)^{j-i-1}(1-y)^{n-j} dx\,dy$

$= \dfrac{n!}{(i-1)!(j-i-1)!(n-j)!} B(i+1, n-j+2, j-i) = \dfrac{i(n-j+1)}{(n+1)(n+2)}$

$E(X_{(i)}X_{(j)}) = E(X_{(i)}) - E(X_{(i)}(1-X_{(j)})) = \dfrac{i(j+1)}{(n+1)(n+2)}$

$\mathrm{Cov}(X_{(i)}, X_{(j)}) = E(X_{(i)}X_{(j)}) - E(X_{(i)})E(X_{(j)}) = \dfrac{i(n-j+1)}{(n+1)^2(n+2)}$

(3) $0<x<y<1$ として，$f_{(X_{(1)}, X_{(n)})}(x, y) = n(n-1)(y-x)^{n-2}$

∴　$0<u<u+v<1$ として，$f_{(X_{(1)}, R_n)}(u, v) = n(n-1)v^{n-2}$

$0 < v < 1$ として，$f_{R_n}(v) = \int_0^{1-v} f_{(X_{(1)}, R_n)}(u, v) du = n(n-1)(1-v)v^{n-2}$

$E(R_n) = \int_0^1 v n(n-1)(1-v) v^{n-2} dv = n(n-1) \mathrm{B}(n, 2) = \dfrac{n-1}{n+1}$

$E(R_n^m) = \int_0^1 v^m n(n-1)(1-v) v^{n-2} dv = n(n-1) \mathrm{B}(m+n-1, 2) = \dfrac{n(n-1)}{(m+n)(m+n-1)}$

17 大数の法則，中心極限定理

定義と公式

大数の法則

確率において最も基本的な定理の1つである，大数の法則についてまず述べます．

X_1, X_2, …, X_n を独立で同分布な確率変数とし，$E(X_1)=\mu$ とします．このとき，確率1で

$$\lim_{n\to\infty}\frac{X_1+X_2+\cdots+X_n}{n}=\mu$$

が成り立ちます．

もう少し意味を説明すると，たとえば正しいサイコロを何回も投げるとき，

$$X_i=\begin{cases}1 & \cdots i \text{回目のサイコロの目が6のとき,} \\ 0 & \cdots i \text{回目のサイコロの目が6以外のとき}\end{cases}$$

と決めると，X_1, X_2, … は独立で同分布（すべて $\mathrm{Be}\left(\frac{1}{6}\right)$）となります．すると $E(\mathrm{Be}(\frac{1}{6}))=\frac{1}{6}$ なので，大数の法則をあてはめると，

$$\lim_{n\to\infty}\frac{X_1+X_2+\cdots+X_n}{n}=\lim_{n\to\infty}\frac{n\text{回までに6の目が出た回数}}{n}=\frac{1}{6}$$

となり，確率の素朴な直感と一致しています．つまり，確率の素朴な定義（n 回の試行で起こった回数 $/n$）を無限回試行を行うことで正当化した定理だといえます．

中心極限定理

X_1, X_2, …, X_n を独立で同分布な確率変数とします．$E(X_1)=\mu$, $V(X_1)=\sigma^2$ とします．このとき，

$$\lim_{n\to\infty}(X_1+X_2+\cdots+X_n \text{の標準化})=N(0,1) \quad \text{（分布収束）}$$

となります．

つまり，

$$\lim_{n\to\infty} P(a < \frac{X_1+X_2+\cdots+X_n-n\mu}{\sigma\sqrt{n}} < b) = \int_a^b \frac{1}{\sqrt{2\pi}} e^{-\frac{x^2}{2}} dx$$

ということです.

どんな分布であっても独立同分布でありさえすれば，それらの和の標準化は，標準正規分布に近づいてしまうのです．これが，確率・統計において正規分布が非常に大事な理由です．

公式の使い方（例）

① 120回サイコロを投げて6の目が出る回数が25回以上35回以下である確率の近似値を求めてみましょう．

中心極限定理で近似します.

$$\text{求める確率} = P\left(25 \leq B\left(120, \frac{1}{6}\right) \leq 35\right)$$

$$= P\left(\frac{25-120\cdot\left(\frac{1}{6}\right)}{\sqrt{120\cdot\left(\frac{1}{6}\right)\cdot\left(\frac{5}{6}\right)}} \leq B\left(120, \frac{1}{6}\right)\text{の標準化} \leq \frac{35-120\cdot\left(\frac{1}{6}\right)}{\sqrt{120\cdot\left(\frac{1}{6}\right)\cdot\left(\frac{5}{6}\right)}}\right)$$

とし

半整数補正 $P\left(24.5 \leq B\left(120, \frac{1}{6}\right) \leq 35.5\right)$ からはじめたほうが良い評価が得られることが知られています.

$$\fallingdotseq P\left(\frac{\sqrt{6}}{2} \leq N(0, 1) \leq \frac{3}{2}\sqrt{6}\right)$$

$$= \Phi(3.674) - \Phi(1.2247)$$

$$\fallingdotseq 1 - 0.890 = 0.110$$

② X_1 の分布 $= X_2$ の分布 $= \cdots = X_n$ の分布 $= \text{Be}(p)$，また，$X_1, X_2, \cdots X_n, \cdots$ は独立，$\overline{X} = \frac{X_1+X_2+\cdots+X_n}{n}$ とおいたとき，$\lim_{n\to\infty} M_{\overline{X}}(t)$ を求めましょう．$\lim_{n\to\infty}\overline{X} = a$ となる定数 a を求めましょう．

$$\lim_{n\to\infty} P\left(\alpha < \frac{X_1+X_2+\cdots+X_n-a_n}{b_n} < \beta\right) = P(\alpha < N(0, 1) < \beta) = \frac{1}{\sqrt{2\pi}}\int_\alpha^\beta e^{(-1/2)x^2} dx$$

となります．定数 a_n, b_n を求めましょう．

$$M_{X_1}(t) = E(e^{tX_1}) = (1-p) + pe^t$$

よって

$$M_{\overline{X}}(t) = E(e^{\frac{t(X_1+\cdots+X_n)}{n}}) = E(e^{t\frac{X_1}{n}})^n = (1-p+pe^{\frac{t}{n}})^n$$

$$\lim_{n\to\infty}(1-p+pe^{\frac{t}{n}})^n = \lim_{n\to\infty}\{1+p(e^{\frac{t}{n}}-1)\}^{\frac{1}{p(e^{\frac{t}{n}}-1)}\times np(e^{\frac{t}{n}}-1)}$$

$\lim_{n\to\infty} M_{\overline{X}}(t) = e^{pt} = M_p(t) = $（確率1で定数 p をとる確率変数のモーメント母関数）です．よって

$a = p.$

また,中心極限定理より,

$a_n = nE(\text{Be}(p)) = np,$
$b_n = \sqrt{nV(\text{Be}(p))} = \sqrt{np(1-p)}$

③ X_1 の分布 $= X_2$ の分布 $= \cdots = X_n$ の分布は独立で同分布,$E(X_i) = \mu$,$V(X_i) = \sigma^2$ とするとき,中心極限定理を以下の手順で証明しましょう.

(1) $Y_i = X_i - \mu$,$M_{Y_1}(t) = f(t)$ とおくとき,$f(t)$ の $t=0$ におけるテイラー展開を t^2 の項まで求めましょう.

$f'(0) = E(Y_1) = E(X_1) - \mu = 0,$
$f''(0) = E(Y_1^2) = E[(X_1 - \mu)^2] = \sigma^2$

つまり,

$$f(t) = 1 + \frac{\sigma^2}{2} t^2 + \cdots$$

(2) $S_n = X_1 + X_2 + \cdots + X_n$ の標準化 S_n^* のモーメント母関数 $M_{S_n^*}(t)$ を $f(t)$ で表しましょう.

$$M_{S_n^*}(t) = M_{(X_1 + X_2 + \cdots + X_n - n\mu)/\sigma\sqrt{n}}(t)$$
$$= M_{(Y_1 + \cdots + Y_n)/\sigma\sqrt{n}}(t) = M_{Y_1/\sigma\sqrt{n}}(t)^n = f\left(\frac{t}{\sigma\sqrt{n}}\right)^n$$

(3) $\lim_{n\to\infty} M_{S_n^*}(t)$ を求め,S_n^* の分布の極限を求めましょう.

$$\lim_{n\to\infty} M_{S_n^*}(t) = \lim_{n\to\infty} \left(1 + \frac{\sigma^2}{2} \frac{t^2}{n\sigma^2} + \cdots\right)^n$$
$$= \lim_{n\to\infty} \left(1 + \frac{t^2}{2n}\right)^n = e^{\frac{t^2}{2}}$$

$e^{\frac{t^2}{2}} = M_{N(0,1)}(t)$ より S_n^* の分布の極限は $N(0, 1)$ です.

やってみましょう

① 120回サイコロを投げて6の目が出る回数が30回以上である確率の近似値を求めましょう．

$$E\left(B\left(120, \frac{1}{6}\right)\right) = 120 \cdot \boxed{} = \boxed{},$$

$$V\left(B\left(120, \frac{1}{6}\right)\right) = 120 \cdot \left(\boxed{}\right)\left(\boxed{}\right) = \boxed{}$$

$B\left(120, \frac{1}{6}\right)$ の標準化は $\left(B\left(120, \frac{1}{6}\right) - 20\right)/\sqrt{50/3}$ なので，中心極限定理より

$$P\left(B\left(120, \frac{1}{6}\right) \geq 30\right) = P\left(\frac{B\left(120, \frac{1}{6}\right) - 20}{\sqrt{\frac{50}{3}}} \geq \frac{30 - \boxed{}}{\sqrt{\frac{50}{3}}}\right)$$

$$\fallingdotseq P(N(0, 1) \geq \boxed{}) \fallingdotseq 0.00715 \qquad \text{(巻末の数表を参照)}$$

② X_1 の分布 $= X_2$ の分布 $= \cdots = X_n$ の分布 $= B(N, p)$，また，$X_1, X_2, \cdots X_n \cdots$ は独立とするとき，以下を満たす (a_n, b_n) を求めましょう．

任意の α, β に対して，

$$\lim_{n \to \infty} P\left(\alpha < \frac{X_1 + X_2 + \cdots + X_n - a_n}{b_n} < \beta\right) = P(\alpha < N(0, 1) < \beta)$$

$$E(B(N, p)) = \boxed{},$$

$$V(B(N, p)) = \boxed{}$$

と中心極限定理より

$$a_n = nNp,$$

$$b_n = \sqrt{n\boxed{}}$$

③ $(NB(n, p) - a_n)/b_n \fallingdotseq N(0, 1)$ となる定数 a_n, b_n を求めましょう.

負の2項分布の再生性より

$$NB(n, p) = Ge(p) + Ge(p) + \cdots + Ge(p) \text{ (独立な和)}$$

となります. すると, 中心極限定理より

$$a_n = nE(Ge(p)) = \boxed{},$$

$$b_n = \sqrt{nV(Ge(p))} = \boxed{}$$

練習問題

① n が大きいとき,

$$\frac{Po(n) - a_n}{b_n} \fallingdotseq N(0, 1)$$

となる定数 a_n, b_n を求めよ.

答え

やってみましょうの答え

① $E\left(B\left(120, \dfrac{1}{6}\right)\right) = 120 \boxed{\dfrac{1}{6}} = \boxed{20}$

$V\left(B\left(120, \dfrac{1}{6}\right)\right) = 120 \cdot \left(\boxed{\dfrac{1}{6}}\right)\left(\boxed{\dfrac{5}{6}}\right) = \dfrac{50}{3}$

$P = \left(B\left(120, \dfrac{1}{6}\right) \geq 30\right) = P\left(\dfrac{B\left(120, \frac{1}{6}\right) - 20}{\sqrt{\frac{50}{3}}} \geq \dfrac{30 - \boxed{20}}{\sqrt{\frac{50}{3}}}\right) \fallingdotseq P(N(0, 1) \geq \boxed{\sqrt{6}})$

② $E(B(N, p)) = \boxed{Np}$, $V(B(N, p)) = \boxed{Np(1-p)}$ と中心極限定理より
$$a_n = nNp, \quad b_n = \sqrt{n\boxed{Np(1-p)}}$$

③ 中心極限定理より
$$a_n = nE(\text{Ge}(p)) = \boxed{\frac{n(1-p)}{p}},$$
$$b_n = \sqrt{nV(\text{Ge}(p))} = \boxed{\sqrt{\frac{n(1-p)}{p^2}}}$$

練習問題の答え

ポアソン分布の再生性より
$$\text{Po}(n) = \text{Po}(1) + \text{Po}(1) + \cdots + \text{Po}(1) \quad (独立な和)$$

とすると中心極限定理より
$$a_n = nE(\text{Po}(1)) = n, \quad b_n = \sqrt{nV(\text{Po}(1))} = \sqrt{n}$$

18 確率に現れる不等式

定 義 と 公 式

コーシー・シュワルツの不等式

X, Y を確率変数とするとき,

$$\{E(XY)\}^2 \leq E(X^2)E(Y^2)$$

また, 等号は $X = tY$ となる定数 t が存在するときで, そのときに限ります.

> (証明)
> $f(t) = E[(X - tY)^2]$ は定義より非負の値をとる 2 次関数で
> $f(t) = E(Y^2)t^2 - 2E(XY)t + E(X^2)$ なので, その判別式 ≤ 0
> (これから $-1 \leq$ 相関係数 ≤ 1 もすぐにわかる).

イェンセンの不等式

$f(x)$ を上に凸な関数 (たとえば $f''(x) < 0$) としたとき,

$$E(f(X)) \leq f(E(X))$$

> (証明)
> $f(x)$ は上に凸なので $(E(X), f(E(X)))$ における接線 $y - f(E(X))$
> $= f'((E(X))(x - E(X))$ は, $y = f(x)$ より上にあります (微分可能でない場合でもそのような直線は存在します).
> つまり $f(x) \leq f'(E(X))(x - E(X)) + f(E(X))$, $x = X$ を代入して両辺の期待値をとると $E(f(X)) \leq f'(E(X))E(X - E(X)) + f(E(X)) = f(E(X))$.

たとえば $f(x) = \log x$, $P(X = a_i) = \dfrac{1}{n}$, $(i = 1, 2 \cdots, n)$ とするとイェンセンの不等式はよく知られた「相乗平均 $\leq$ 相加平均」になります(「公式の使い方」の②を参照).

チェビシェフの不等式

$$P(|X| \geq a) \leq \frac{E(X^2)}{a^2} \quad (a \text{ は正実数})$$

> (証明)
> $E(X^2) = E(X^2 : |X| \geq a) + E(X^2 : |X| < a) \geq E(|X|^2 : |X| \geq a)$
> $\geq E(a^2 : |X| \geq a) = a^2 P(|X| \geq a)$

公式の使い方（例）

① $\{E(X)\}^2 \leq E(X^2)$ を示しましょう．

証明1
コーシーシュワルツで $Y=1$ とおけば上式となります．

証明2
イェンセンの不等式で $f(x) = -x^2$ とすれば上式となります．

証明3
$V(X) = E[\{X - E(X)\}^2] = E(X^2) - \{E(X)\}^2$ で，$V(X) \geq 0$ より，上式が成立します．

② イェンセンの不等式を用いて

$$n \text{ 個の正数の相乗平均} \leq n \text{ 個の正数の相加平均}$$

を示しましょう．

$$P(X=a_1) = P(X=a_2) = \cdots = P(X=a_n) = \frac{1}{n}$$

を考えます．

$$f(x) = \log x$$

とすると $f''(x) < 0$ とイェンセンの不等式より

$$E(\log X) \leq \log E(X)$$

これらを計算して

$$(a_1 a_2 \cdots a_n)^{\frac{1}{n}} \leq \frac{a_1 + a_2 + \cdots + a_n}{n}$$

③ $\text{Cov}(X, Y)^2 \leq V(X) V(Y)$ を示しましょう．

> これから $|$相関係数$| \leq 1$
> がすぐにわかります．

$$\text{Cov}(X, Y)^2 = (E[\{X-E(X)\}\{Y-E(Y)\}])^2$$
$$\leq E[\{X-E(X)\}^2]E[\{Y-E(Y)\}^2] = V(X)V(Y)$$

やってみましょう

① $a_1+a_2+\cdots+a_n=1$ のとき，$V(a_1X_1+\cdots+a_nX_n)$ の最小値を求めましょう．ただし，$X_1, \cdots, X_n$ は独立同分布で共通の平均は m，分散は σ^2 とします．

$$V(a_1X_1+\cdots+a_nX_n)=V(a_1X_1)+\cdots+V(a_nX_n)=\sigma^2\left(\boxed{}+\cdots+\boxed{}\right)$$

また，コーシーシュワルツの不等式より

$$(1a_1+\cdots+1a_n)^2 \leq \left(\boxed{}+\cdots+\boxed{}\right)\left(\boxed{}+\cdots+\boxed{}\right)$$

よって $(a_1^2+\cdots+a_n^2)$ は $a_1=\cdots=a_n=\boxed{}$ のとき，最小値 $\boxed{}$ をとります．

よって $V(a_1X_1+\cdots+a_nX_n)$ の最小値は $\boxed{}$ です．

② $0<p<q$ なら n 個の正数 $a_1, \cdots, a_n$ に対して

$$\left(\frac{a_1^p+\cdots+a_n^p}{n}\right)^{\frac{1}{p}} \leq \left(\frac{a_1^q+\cdots+a_n^q}{n}\right)^{\frac{1}{q}}$$

が成り立つことを示しましょう．

$0<\dfrac{p}{q}<1$ より，$f(x)=x^{\frac{p}{q}}$ とおくと，これは，上に凸な関数となります．イエンセンの不等式より

$$\boxed{} \leq \boxed{}$$

ここで

$$P(X=a_1^q)=\cdots=P(X=a_n^q)=\frac{1}{n}$$

とすると

$$\frac{a_1^p + \cdots + a_n^p}{n} \leq \left(\right)^{\frac{p}{q}}$$

両辺を $\frac{1}{p}$ 乗して

$$ \leq $$

が得られます．

練習問題

① 次の条件のもとで，実数 a, b の範囲を求めよ．
(1) $E(X)=2$ のとき，$E(X^2)=a$
(2) $V(X)=2,\ \mathrm{Cov}(X, Y)=1$ のとき，$V(Y)=a$
(3) $E(X^2)=3$ のとき，$P(X \geq 2)=a,\ E(X^6)=b$
(4) $x^2+y^2+z^2=1$ のとき，$x+2y-3z=a$
(5) $x+2y-3z=1$ のとき，$x^2+y^2+z^2=a$
(6) $x>0,\ y>0,\ z>0,\ x+y+z=1$ のとき，$xyz=a$
(7) $x>0,\ y>0,\ z>0,\ x+y+z=1$ のとき，$xy^3z=a$
(8) $P(A)=\frac{3}{4},\ P(B)=\frac{1}{6}$ のとき，$P(A \cap B)=a,\ P(A \cup B)=b$
(9) $P(A)=\frac{3}{4},\ P(B)=\frac{1}{2}$ のとき，$P(A \cap B)=a,\ P(A \cup B)=b$
(10) (X, Y, Z) の分散共分散行列を $\begin{pmatrix} 2 & a & 5 \\ a & 2 & 4 \\ 5 & 4 & 14 \end{pmatrix}$ とするときの a の範囲

答え

やってみましょうの答え

① $V(a_1 X_1 + \cdots + a_n X_n) = V(a_1 X_1) + \cdots + V(a_n X_n) = \sigma^2 (\boxed{a_1^2} + \cdots + \boxed{a_n^2})$．

コーシーシュワルツの不等式より $(1 a_1 + \cdots + 1 a_n)^2 \leq (\boxed{1^2} + \cdots + \boxed{1^2})(\boxed{a_1^2} + \cdots + \boxed{a_n^2})$．

よって $a_1^2 + \cdots + a_n^2$ は $a_1 = \cdots = a_n = \boxed{\dfrac{1}{n}}$ のとき，最小値 $\boxed{\dfrac{1}{n}}$ をとります．

よって $V(a_1X_1+\cdots+a_nX_n)$ の最小値は $\boxed{\dfrac{\sigma^2}{n}}$ です．

② イエンセンの不等式より $\boxed{E(X^{\frac{p}{q}})\leqq\{E(X)\}^{\frac{p}{q}}}$．ここで $P(X=a_1^q)=\cdots=P(X=a_n^q)=\dfrac{1}{n}$

とすると $\dfrac{a_1^p+\cdots+a_n^p}{n}\leqq\boxed{\left(\dfrac{a_1^q+\cdots+a_n^q}{n}\right)^{\frac{p}{q}}}$

両辺を $\dfrac{1}{p}$ 乗して $\boxed{\left(\dfrac{a_1^p+\cdots+a_n^p}{n}\right)^{\frac{1}{p}}\leqq\left(\dfrac{a_1^q+\cdots+a_n^q}{n}\right)^{\frac{1}{q}}}$．

練習問題の答え

① (1) $a=E(X^2)\geqq E(X)^2=4$

(2) $\mathrm{Cov}(X,Y)^2\leqq V(X)V(Y)$ つまり，$1\leqq 2a$，$\therefore\ a\geqq\dfrac{1}{2}$

(3) $P(X\geqq 2)\leqq\dfrac{E(X^2)}{2^2}=\dfrac{3}{4}$

$E(X^2)^{\frac{1}{2}}\leqq E(X^6)^{\frac{1}{6}}$ より，$b\geqq 3^3=27$

(4) $a^2=(x+2y-3z)^2\leqq(1^2+2^2+(-3)^2)(x^2+y^2+z^2)=14$，$\therefore\ -\sqrt{14}\leqq a\leqq\sqrt{14}$

(5) $(x+2y-3z)^2\leqq(1^2+2^2+(-3)^2)(x^2+y^2+z^2)$，$\therefore\ 1\leqq 14a$，$a\geqq\dfrac{1}{14}$

(6) $a^{\frac{1}{3}}\leqq\dfrac{x+y+z}{3}=\dfrac{1}{3}$，$\therefore\ 0<a\leqq\dfrac{1}{27}$

(7) $\dfrac{x+\frac{y}{3}+\frac{y}{3}+\frac{y}{3}+z}{5}\geqq\left(x\left(\dfrac{y}{3}\right)^3 z\right)^{\frac{1}{5}}$，$\therefore\ 0<a\leqq\dfrac{3^3}{5^5}$

(8) $b=P(A\cup B)=P(A)+P(B)-P(A\cap B)\leqq\dfrac{3}{4}+\dfrac{1}{6}=\dfrac{11}{12}$　$\therefore\ \dfrac{3}{4}\leqq b\leqq\dfrac{11}{12}$

$0\leqq a\leqq\min(P(A),P(B))=\dfrac{1}{6}$

(9) $a=P(A\cap B)=P(A)+P(B)-P(A\cup B)\geqq\dfrac{3}{4}+\dfrac{1}{2}-1=\dfrac{1}{4}$　$\therefore\ \dfrac{1}{4}\leqq a\leqq\dfrac{3}{4}$

$\max(P(A),P(B))\leqq P(A\cup B)\leqq P(\Omega)=1$，$\therefore\ \dfrac{3}{4}\leqq b\leqq 1$

(10) $0\leqq V(sX+tY+uZ)=(s,\ t,\ u)V\begin{pmatrix}s\\t\\u\end{pmatrix}$

$\therefore\ V$ は非負定値行列．そのための必要十分条件はすべての主行列式は非負（線形代数参照）．

$\begin{vmatrix}2 & a\\a & 2\end{vmatrix}\geqq 0$ つまり $-2\leqq a\leqq 2$

$$\begin{vmatrix} 2 & a & 5 \\ a & 2 & 4 \\ 5 & 4 & 14 \end{vmatrix} \geqq 0 \ \text{つまり} \quad 7a^2-20a+13 \leqq 0, \ 1 \leqq a \leqq \frac{13}{7}$$

あわせて $\quad 1 \leqq a \leqq \dfrac{13}{7}$

19 条件つき期待値

定義と公式

条件つき期待値の定義（離散の場合）

$$E(X|Y=k) = \sum l P(X=l|Y=k) = \sum l \frac{P(X=l \text{ かつ } Y=k)}{P(Y=k)}$$

$$E(X|Y) = E(X|Y=k)|_{k=Y} \quad \text{（つまり，上の式の } k \text{ のところに } Y \text{ を代入したもの）}$$

意味は，確率変数 X を確率変数 Y の関数 $g(Y)$ で近似するとき，最も（2乗）誤差の少ないものということです．

つまり

$$\min_g E[\{X-g(Y)\}^2] = E[\{X-E(X|Y)\}^2]$$

条件がたくさんあっても同様に定義できます．

$$E(X|Y=k, Z=m) = \sum l P(X=l|Y=k, Z=m)$$

$$= \sum l \frac{P(X=l \text{ かつ } Y=k \text{ かつ } Z=m)}{P(Y=k \text{ かつ } Z=m)}$$

$$E(X|Y, Z) = E(X|Y=k, Z=m)|_{k=Y, m=Z}$$

（つまり，上の式の k のところに Y を，m のところに Z を代入したもの）

条件つき期待値の性質

1. α, β を定数とすると，

$$E(\alpha X + \beta Y|Z) = \alpha E(X|Z) + \beta E(Y|Z)$$

2. C は定数のとき，

$$E(C|X) = C$$

3. 任意の関数 g に対して

$$E[g(X)E(Y|X)]=E[g(X)Y] \quad とくに \quad E[E(Y|X)]=E(Y)$$

4. X と Y が独立のとき，

$$E(X|Y)=E(X)$$

条件つき期待値の定義（連続の場合）

$f_{(X,Y)}(x,y)$ を (X,Y) の同時密度関数とすると，

$$f_{X|Y}(x|y)=\frac{f_{(X,Y)}(x,y)}{f_Y(y)}$$

を「$Y=y$ の条件のもとでの**条件つき密度関数**」と呼びます．このとき，

$$E(X|Y=y)=\int x f_{X|Y}(x|y)\mathrm{d}x$$

と定義します．

　離散のときに述べた条件つき期待値の4つの性質はすべて連続の場合でも成立します．

公式の使い方（例）

① $P(X=i \text{ かつ } Y=j)=Ci(i+j) \quad (1\leq i\leq N \text{ かつ } 1\leq j\leq N)$
のとき 定数 C, $P(X=i)$, $P(Y=j)$, $E(X|Y=j)$, $E(X)$ を求めましょう．
　確率をすべて足しあわせると1になるので，

$$1=\sum_{i=1}^{N}\sum_{j=1}^{N}Ci(i+j)=C\sum_{i=1}^{N}\left(Ni^2+\frac{N(N+1)i}{2}\right)=\frac{CN^2(N+1)(7N+5)}{12}$$

つまり，

$$C=\frac{12}{N^2(N+1)(7N+5)}$$

$$P(X=i)=\sum_{j=1}^{N}P(X=i \text{ かつ } Y=j)=\sum_{j=1}^{N}Ci(i+j)=\frac{12}{N(N+1)(7N+5)}\left(i^2+(N+1)\frac{i}{2}\right)$$

$$E(X)=\sum_{i=1}^{N}iP(X=i)=\sum_{i=1}^{N}\frac{12}{N(N+1)(7N+5)}i\left(i^2+(N+1)\frac{i}{2}\right)=\frac{(N+1)(5N+1)}{7N+5}$$

$$P(Y=j)=\sum_{i=1}^{N}P(X=i \text{ かつ } Y=j)=\frac{2(2N+1+3j)}{N(7N+5)}$$

$$P(X=i\mid Y=j)=\frac{P(X=i\ \text{かつ}\ Y=j)}{P(Y=j)}=\frac{6i(i+j)}{N(N+1)(2N+1+3j)}$$

$$E(X\mid Y=j)=\sum_{i=1}^{N}iP(X=i\mid Y=j)=\frac{3N(N+1)+2(2N+1)j}{2(2N+1+3j)}$$

② まず，次に示す関数が2次元確率変数 (X,Y) の同時密度関数になるよう定数 c を求めましょう．

$$f_{(X,Y)}(x,y)=\begin{cases} c\dfrac{x^2}{y^3}e^{-\frac{x}{y}} & ((x,y)\in(0,+\infty)\times(0,1)) \\ 0 & (\text{その他}) \end{cases}$$

さらに，Y の周辺分布，$E(X\mid Y=y)$ を求めましょう．

$$1=\iint_{R^2}f_{(X,Y)}(x,y)dxdy=c\int_0^1 dy\int_0^{+\infty}\frac{x^2}{y^3}e^{-\frac{x}{y}}dx=c\int_0^1 \Gamma(3)dy=2c$$

よって

$$c=\frac{1}{2}$$

$$f_Y(y)=\int_{-\infty}^{+\infty}f_{(X,Y)}(x,y)dx=\int_0^{+\infty}\frac{1}{2}\cdot\frac{x^2}{y^3}e^{-\frac{x}{y}}dx=1 \quad (0<y<1)$$

つまり，Y の分布 $=U(0,1)$．
よって

$$f_{X\mid Y}(x\mid y)=\frac{f_{(X,Y)}(x,y)}{f_Y(y)}$$

$Y=y$ の条件のもとで，X の分布 $=\Gamma(3,y)$．
つまり，

$$E(X\mid Y=y)=E[\Gamma(3,y)]=3y$$

（もちろん $\int_{-\infty}^{+\infty}xf(x\mid y)dx$ を計算してもよい．）

③ X,Y,Z,W,S は独立で，$E(X)=1$，$V(X)=2$，Y の分布 $=N(0,1)$，Z の分布 $=Be(p)$，W の分布 $=B(n,p)$，$E(S)=2$，$V(S)=0$ とします．このとき，以下を求めてください．

(1)$E(X|Y)$ (2)$E(Y^2|X)$ (3)$E[(X+W)^2|X]$ (4)$E(W|W+Z=7)$ (5)$E[E(W|W+Z)]$
(6)$P(S=3)$ (7)$P(S=2)$ (8)$E(X^S)$ (9)$E[(1+W)^Z|Z]$ (10)$E[(1+W)^Z]$

(1)独立なので $E(X|Y)=E(X)=1$ (2)$E(Y^2)=1$
(3)$E(X^2+2XW+W^2|X)=X^2+2XE(W)+E(W^2)=X^2+2npX+np(1-p)+(np)^2$
(4)(以下において, $q=1-p$ とする)

$$P(W=7|W+Z=7)=\frac{P(W=7 \text{かつ} W+Z=7)}{P(W+Z=7)}=\frac{P(W=7)P(Z=0)}{P(W=7)P(Z=0)+P(W=6)P(Z=1)}$$
$$=\frac{{}_nC_7 p^7 q^{n-7} q}{{}_nC_7 p^7 q^{n-7} q + {}_nC_6 p^6 q^{n-6} p}=\frac{n-6}{n+1}$$

$$P(W=6|W+Z=7)=\frac{P(W=6 \text{かつ} W+Z=7)}{P(W+Z=7)}=\frac{P(W=6)P(Z=1)}{P(W=7)P(Z=0)+P(W=6)P(Z=1)}$$
$$=\frac{{}_nC_6 p^6 q^{n-6} p}{{}_nC_7 p^7 q^{n-7} q + {}_nC_6 p^6 q^{n-6} p}=\frac{7}{n+1}$$

よって

$$E(W|W+Z=7)=6P(W=6|W+Z=7)+7P(W=7|W+Z=7)=\frac{7n}{n+1}$$

なお, $n \leq 5$ のときには,

$$P(W+Z=7)=0$$

なので, 条件つき確率や条件つき期待値は定義できません.
(5)$E(W)=np$ (6)0 (7)1 (8)$E(X^2)=V(X)+E(X)^2=3$ ($\because P(S=2)=1$)
(9)$E[(1+W)^Z|Z=0]=E(1|Z=0)=1$, $E[(1+W)^Z|Z=1]=E(1+W|Z=1)=E(1+W)=1+np$
(10)$E[(1+W)^Z]=1 \cdot P(Z=0)+(1+np) \cdot P(Z=1)= (1-p) +(1+np)p=1+np^2$

やってみましょう

①

$$P(X=i \text{かつ} Y=j)=\begin{cases} c(i+j) & 1 \leq i \leq n,\ 1 \leq j \leq n \\ 0 & \text{その他} \end{cases}$$

このとき, (1)定数 c (2)X の周辺分布, $E(X)$, $V(X)$ (3)$\text{Cov}(X, Y)$
(4)$E(Y|X=x)$ (5)$E(Y|X)$ をそれぞれ求めましょう.

(1)
$$1 = c\sum_{i=1}^{n}\sum_{j=1}^{n}(i+j) = c\sum_{i=1}^{n}\left(\boxed{}\right) = c\boxed{},$$

よって

$c = \boxed{}$

(2)
$$P(X=i) = \sum_{j=1}^{n}\boxed{} = \boxed{}$$

$$= \boxed{}$$

$$E(X) = \sum_{i=1}^{n} iP(X=i) = \sum_{i=1}^{n}\boxed{}$$

$$= \boxed{} + \boxed{} = \frac{7n+5}{12}$$

$$E(X^2) = \sum_{i=1}^{n} i^2 P(X=i) = \sum_{i=1}^{n}\boxed{}$$

$$= \boxed{} + \boxed{} = \boxed{}$$

よって,

$$V(X) = \boxed{} - \boxed{} = \boxed{}$$

(3)
$$E(XY) = c\sum_{i=1}^{n}\sum_{j=1}^{n} ij(i+j) = 2c\left(\boxed{}\right) = \boxed{}$$

なので，

$$\mathrm{Cov}(X,Y)=E(XY)-E(X)E(Y)=\boxed{}-\boxed{}=\boxed{}$$

(4)
$$E(Y|X=x)=\sum_{j=1}^{n}\frac{\boxed{}}{P(X=x)}=\boxed{}$$

(5)
$$E(Y|X)=\boxed{}$$

②
$$f_{(X,Y)}(x,y)=\begin{cases} cx^2 & 0<x<y<1 \\ 0 & (その他) \end{cases}$$

c を求め，$E(X)$, $E(Y)$, $E(Y|X=x)$, $E(X|Y=y)$, $E(Y^2|X=x)$ を求めましょう．

$$f_X(x)=\int_x^1 cx^2 dy = \boxed{},$$
$$1=\int_0^1 f_X(x)dx$$

より，

$$c=\boxed{}$$

$$\therefore E(X)=\int_0^1 xf_X(x)dx=\boxed{}$$

また，

$$f_Y(y)=\int_0^y \boxed{} dx = \boxed{} \quad (0<y<1)$$

$$E(Y)=\boxed{},$$

$$f_{Y|X}(y|x)=\frac{f_{(X,Y)}(x,y)}{f_X(x)}=\boxed{} \quad (x<y<1)$$

つまり，$X=x$ のもとでの Y の分布は $\mathrm{U}(x, 1)$. よって

$$E(Y|X=x)=\boxed{},$$

$$E(Y^2|X=x)=\frac{1}{(1-x)}\int_x^1 y^2 \mathrm{d}y = \boxed{}$$

$$f_{X|Y}(x|y)=\frac{f_{(X,Y)}(x, y)}{f_Y(y)}=\boxed{} \quad (0<x<y)$$

$$\therefore\ E(X|Y=y)=\boxed{}$$

③

$$f_{(X,Y)}(x, y)=\begin{cases} \dfrac{e^{-x/y}e^{-y}}{y} & (x>0 \text{ かつ } y>0 \text{ のとき}) \\ 0 & (\text{その他}) \end{cases}$$

とします．このとき，Y の周辺分布，$E(Y)$，$V(Y)$，$E(X|Y=y)$，$V(X|Y=y)$，$E(X)$，$\mathrm{Cov}(X, Y)$ を求めましょう．

$$f_Y(y)=\int_{-\infty}^{+\infty} f_{(X,Y)}(x, y)\mathrm{d}x = \frac{e^{-y}}{y}\int_0^{+\infty} \boxed{} \mathrm{d}x = \boxed{} \quad (0<y<+\infty)$$

つまり，Y の分布は $\mathrm{Exp}(1)$. よって

$$E(Y)=V(Y)=1$$

また，

$$f_{X|Y}(x|y)=\frac{f_{(X,Y)}(x, y)}{f_Y(y)}=\boxed{}, \quad 0<x<\infty$$

つまり，$Y=y$ の条件のもとで，X の分布は $\mathrm{Exp}\!\left(\dfrac{1}{y}\right)$. つまり，

$$E(X|Y=y)=E\!\left[\mathrm{Exp}\!\left(\dfrac{1}{y}\right)\right]=\boxed{} \quad (\text{もちろん } \int_{-\infty}^{+\infty} xf(x|y)\mathrm{d}x \text{ を計算してもよい．})$$

また，

$$V(X\mid Y=y)=V(\text{Exp}(y))=\boxed{}$$

よって,

$$E(X^2\mid Y=y)=V(X\mid Y=y)+E(X\mid Y=y)^2=\boxed{}$$

また,

$$E(X)=E[E(X\mid Y)]=E(Y)=1,$$

$$E(XY)=E[YE(X\mid Y)]=E(Y^2)=\boxed{}$$

つまり,

$$\text{Cov}(X, Y)=E(XY)-E(X)E(Y)=\boxed{}-\boxed{}=\boxed{}$$

④ X, Y, Z, W, S は独立で, $E(X)=1$, $V(X)=2$, Y の分布$=\text{N}(0, 1)$, Z の分布$=\text{Be}(p)$, W の分布$=\text{B}(n, p)$, $E(S)=2$, $V(S)=0$ とします. このとき, 以下を求めましょう.
(1)$E(Y^2\mid X)$ (2)$E[(X+Z)^2\mid X]$ (3)$E(W^2\mid W+Z=5)$ (4)$E[E(W^2\mid W+Z)]$ (5)$E(e^{SY})$
(6)$E(e^{ZY}\mid Z)$ (7)$E(e^{ZY})$

(1)

$$E(Y^2\mid X)=E(Y^2)=\boxed{}$$

(2)

$$E(X^2+2XZ+Z^2\mid X)=X^2+2XE(Z)+E(Z^2)=\boxed{}$$

(3) (以下において, $q=1-p$ とする)

$$P(W=5\mid W+Z=5)=\frac{\boxed{}}{\boxed{}}$$

$$=\frac{P(W=5)P(Z=0)}{P(W=5)P(Z=0)+P(W=4)P(Z=1)}$$

$$=\boxed{}=\boxed{},$$

$$P(W=4\,|\,W+Z=5) = \frac{P(W=4\text{ かつ }W+Z=5)}{P(W+Z=5)}$$

$$= \frac{P(W=4)P(Z=1)}{P(W=5)P(Z=0)+P(W=4)P(Z=1)}$$

$$= \boxed{} = \boxed{}$$

よって

$$E(W^2\,|\,W+Z=5) = \boxed{} = \boxed{}$$

(4)

$$E[E(W^2\,|\,W+Z)] = E(W^2) = V(W) + \{E(W)\}^2 = \boxed{}$$

(5) $P(S=2)=1$ より

$$E(e^{SY}) = E(e^{2Y}) = e^{(1/2)2^2} = \boxed{} \quad (\text{標準正規分布のモーメント母関数を思い出す})$$

(6)

$$E(e^{ZY}\,|\,Z=k) = E(e^{kY}\,|\,Z=k) = E(e^{kY}) = \boxed{}$$

(7)

$$E(E(e^{ZY}\,|\,Z)) = e^0 \cdot P(Z=0) + e^{1/2} \cdot P(Z=1) = \boxed{} + \boxed{}$$

練習問題

①

$$f_{(X,Y)}(x,y) = \begin{cases} \dfrac{e^{-y}}{y} & (0 < x < y < +\infty \text{ のとき}) \\ 0 & (\text{その他}) \end{cases}$$

このとき，Y の周辺分布，$E(Y)$，$V(Y)$，$E(X\,|\,Y=y)$，$E(X^2\,|\,Y=y)$，$E(X^3\,|\,Y=y)$ を求めよ．

②
$$f_{(X,Y)}(x, y) = \begin{cases} \dfrac{2e^{-2x}}{x} & (0 < y < x < +\infty \text{ のとき}) \\ 0 & (\text{その他}) \end{cases}$$

$E(Y|X)$, $E(Y)$, $\mathrm{Cov}(X, Y)$ を求めよ．

③ (X, Y) の分布が $N\left(\begin{pmatrix} \mu_1 \\ \mu_2 \end{pmatrix}, \begin{pmatrix} \sigma_1^2 & \rho\sigma_1\sigma_2 \\ \rho\sigma_1\sigma_2 & \sigma_2^2 \end{pmatrix}\right)$ であるとする．

このとき，$f_{Y|X}(y|x)$, $E(Y|X=x)$, $E(Y^2|X=x)$ を求めよ．

④
$$f_{(X,Y)}(x, y) = \begin{cases} cx^3 y & (x^2 + y^2 < 1, \ x > 0 \ y > 0 \text{ のとき}) \\ 0 & (\text{その他}) \end{cases}$$

$E(Y|X=x)$, $E(X|Y=y)$ を求めよ．

⑤ $M=m$ のもとで X の分布が $\mathrm{Po}(m)$，M の分布が $\mathrm{Exp}(1)$ である．X の分布，$E(X)$, $V(X)$ を求めよ．

⑥ $M=m$ のもとで X の分布が $U(-m, m)$，M の分布 $=U(0, 1)$ である．X の確率密度関数 $f_X(x)$, $E(X)$, $V(X)$ を求めよ．

⑦ $M=m$ のもとで X の分布 $=\mathrm{Fs}(m)$，$f_M(m) = 3m^2 \ (0 \leq m \leq 1)$ である．$E(X)$, $V(X)$, $\mathrm{Cov}(X, M)$ を求めよ．

⑧ X の分布 $=Y$ の分布 $=\mathrm{Exp}(1)$　X, Y は独立とする．c は正の定数とするとき，$X+Y=c$ の条件のもとでの X の分布を求めよ．また，$E(X|X+Y)$ を求めよ．

⑨ $M=m$ のもとで X の分布 $=\mathrm{Exp}(m)$，M の分布 $=\Gamma(a, \lambda)$ である．X の確率密度関数 $f_X(x)$, $E(X)$ を求めよ．

答え

やってみましょうの答え

①

(1) $1 = c \sum_{i=1}^{n} \left(\boxed{ni + \dfrac{n(n+1)}{2}}\right) = c \boxed{n^2(n+1)}$，よって　$c = \boxed{\dfrac{1}{n^2(n+1)}}$

(2) $P(X=i) = \sum_{j=1}^{n} \boxed{c(i+j)} = \boxed{cin + c\dfrac{n(n+1)}{2}} = \boxed{\dfrac{1}{n(n+1)}\left(i + \dfrac{n+1}{2}\right)}$

$$E(X)=\sum_{i=1}^{n}\boxed{\frac{i}{n(n+1)}}\boxed{\left(i+\frac{n+1}{2}\right)}=\boxed{\frac{2n+1}{6}}+\boxed{\frac{n+1}{4}}=\boxed{\frac{7n+5}{12}}$$

$$E(X^2)=\sum_{i=1}^{n}\boxed{\frac{i^2}{n(n+1)}}\boxed{\left(i+\frac{n+1}{2}\right)}=\boxed{\frac{n(n+1)}{4}}+\boxed{\frac{(n+1)(2n+1)}{12}}=\boxed{\frac{(n+1)(5n+1)}{12}}$$

よって

$$V(X)=\boxed{\frac{(n+1)(5n+1)}{12}}-\boxed{\left(\frac{7n+5}{12}\right)^2}=\boxed{\frac{(n-1)(11n+13)}{144}}$$

(3) $E(XY)=2c\left(\boxed{\dfrac{n(n+1)(2n+1)}{6}\cdot\dfrac{n(n+1)}{2}}\right)=\boxed{\dfrac{(n+1)(2n+1)}{6}}$

なので $\mathrm{Cov}(X,\ Y)=\boxed{\dfrac{(n+1)(2n+1)}{6}}-\boxed{\dfrac{(7n+5)^2}{12^2}}=\boxed{-\dfrac{(n-1)^2}{144}}$

(4) $E(Y\mid X=x)=\sum_{j=1}^{n}\dfrac{j\boxed{P(Y=j\ かつ\ X=x)}}{P(X=x)}=\boxed{\dfrac{(n+1)(3x+2n+1)}{6x+3n+3}}$

(5) $E(Y\mid X)=\boxed{\dfrac{(n+1)(3X+2n+1)}{6X+3n+3}}$

② $f_X(x)=\boxed{cx^2(1-x)}$, $c=\boxed{12}$

$E(X)=\boxed{\dfrac{3}{5}}$

$f_Y(y)=\int_0^y\boxed{12x^2}dx=\boxed{4y^3}$ $(0<y<1)$, $E(Y)=\boxed{\dfrac{4}{5}}$

$f_{Y|X}(y|x)=\boxed{\dfrac{1}{1-x}}$, $E(Y\mid X=x)=\boxed{\dfrac{1+x}{2}}$, $E(Y^2\mid X=x)=\boxed{\dfrac{1+x+x^2}{3}}$

$f_{X|Y}(x|y)=\boxed{\dfrac{3x^2}{y^3}}$, $E(X\mid Y=y)=\boxed{\dfrac{3}{4}y}$

③ $f_Y(y)=\dfrac{e^{-y}}{y}\int_0^{+\infty}\boxed{e^{-\frac{x}{y}}}dx=\boxed{e^{-y}}$ $(0<y<+\infty)$

$f_{X|Y}(x|y)=\boxed{\dfrac{1}{y}e^{-\frac{x}{y}}}$, $0<x<\infty$

$E(X\mid Y=y)=\boxed{y}$, $V(X\mid Y=y)=\boxed{y^2}$, $E(X^2\mid Y=y)=\boxed{2y^2}$

$E(X)=\boxed{1}$, $E(XY)=\boxed{2}$, $\mathrm{Cov}(X,\ Y)=\boxed{2}-\boxed{1}=\boxed{1}$

④ (1) $E(Y^2\mid X)=\boxed{1}$

(2) $E(X^2+2XZ+Z^2\mid X)=\boxed{X^2+2pX+p}$

(3) $P(W=5 \mid W+Z=5) = \dfrac{P(\boxed{W=5 \text{かつ} W+Z=5})}{P(\boxed{W+Z=5})} = \boxed{\dfrac{{}_nC_5 p^5 q^{n-5} q}{{}_nC_5 p^5 q^{n-5} q + {}_nC_4 p^4 q^{n-4} p}} = \boxed{\dfrac{n-4}{n+1}}$

$P(W=4 \mid W+Z=5) = \boxed{\dfrac{{}_nC_4 p^4 q^{n-4} p}{{}_nC_5 p^5 q^{n-5} q + {}_nC_4 p^4 q^{n-4} p}} = \boxed{\dfrac{5}{n+1}}$

$E(W^2 \mid W+Z=5) = \boxed{5^2 \cdot \dfrac{n-4}{n+1} + 4^2 \cdot \dfrac{5}{n+1}} = \boxed{\dfrac{25n-20}{n+1}}$

(4) $E[E(W^2 \mid W+Z)] = \boxed{npq + n^2 p^2}$ (5) $E(e^{ST}) = \boxed{e^2}$

(6) $E(e^{ST} \mid Z=k) = \boxed{e^{\frac{k^2}{2}}}$ (7) $E[E(e^{ST} \mid Z)] = \boxed{1-p} + \boxed{e^{\frac{1}{2}} p}$

練習問題の答え

① $f_Y(y) = \int_{-\infty}^{+\infty} f_{(X,Y)}(x, y) dx = \dfrac{e^{-y}}{y} \int_0^y dx = e^{-y}$ $(0 < y < +\infty)$

つまり，Y の分布 $= \text{Exp}(1)$．よって $E(Y) = V(Y) = 1$．

また，$f_{X \mid Y}(x \mid y) = \dfrac{f_{(X,Y)}(x, y)}{f_Y(y)} = \dfrac{1}{y}$, $0 < x < y$．つまり，$Y=y$ の条件のもとで，X の分布 $= U(0, y)$．つまり，$E(X \mid Y=y) = E(U(0, y)) = y/2$（もちろん $\int_{-\infty}^{+\infty} x f(x \mid y) dx$ を計算してもよい．）また，$V(X \mid Y=y) = V(U(0, y)) = y^2/12$．よって，$E(X^2 \mid Y=y) = V(X \mid Y=y) + E(X \mid Y=y)^2 = y^2/3$．

また，$E(X^3 \mid Y=y) = \int_0^x x^3/y \, dx = y^3/4$

② $f_X(x) = \int_{-\infty}^{+\infty} f_{(X,Y)}(x, y) dy = \int_0^x \dfrac{2e^{-2x}}{x} dy = 2e^{-2x}$ $(0 < x < \infty)$．よって $f_{Y \mid X}(y \mid x) = \dfrac{f_{(X,Y)}(x, y)}{f_X(x)} = 1/x$ $(0 < y < x)$．

$E(Y \mid X=x) = E[U(0, x)] = x/2$，よって $E(Y) = E[E(Y \mid X)] = E(X/2) = (1/2)E[\text{Exp}(1/2)] = 1/4$

$E(XY) = E(XE(Y \mid X)) = E(X^2/2) = (1/2)\{V(X) + E(X)^2\} = (1/2)\{(1/2)^2 + (1/2)^2\} = 1/4$

$\text{Cov}(X, Y) = E(XY) - E(X)E(Y) = 1/4 - (1/2)(1/4) = 1/8$

③ **解1** X の周辺分布 $= N(\mu_1, \sigma_1^2)$ がわかるので，$f_{Y \mid X}(y \mid x) = \dfrac{f_{(X,Y)}(x, y)}{f_X(x)}$

$= \dfrac{1}{\sqrt{2\pi \sigma_2^2 (1-\rho^2)}} \exp\left[-\dfrac{(y - \mu_2 - \rho \sigma_2 \frac{x-\mu_1}{\sigma_1})^2}{2\sigma_2^2(1-\rho^2)}\right]$ である．よって $X=x$ のもとでの Y の分布

$= N(\mu_2 + \rho \sigma_2 \dfrac{x-\mu_1}{\sigma_1}, \sigma_2^2(1-\rho^2))$ となる．

よって，$E(Y \mid X=x) = \mu_2 + \rho \sigma_2 \dfrac{x-\mu_1}{\sigma_1}$

$E(Y^2|X=x) = V(Y|X=x) + \{E(Y|X=x)\}^2 = \sigma_2^2(1-\rho^2) + (\mu_2 + \rho\sigma_2\frac{x-\mu_1}{\sigma_1})^2$

解2 $X = \mu_1 + \sigma_1 Z_1$, $Y = \mu_2 + \sigma_2 Z'_2 = \mu_2 + \sigma_2(\rho Z_1 + \sqrt{1-\rho^2}Z_2)$ (Z_1, Z_2 は独立で同分布 (N(0, 1)). すると, $E(Y|X=x) = E[\mu_2 + \sigma_2(\rho Z_1 + \sqrt{1-\rho^2}Z_2)|\mu_1 + \sigma_1 Z_1 = x] =$

$\mu_2 + \rho\sigma_2\frac{x-\mu_1}{\sigma_1} + \sigma_2\sqrt{1-\rho^2}E(Z_2) = \mu_2 + \rho\sigma_2\frac{x-\mu_1}{\sigma_1}$

また, $V(Y|X=x) = E[\{Y - E(Y|X=x)\}^2|X=x] = E[(\sigma_2\sqrt{1-\rho^2}Z_2)^2|Z_1 = \frac{x-\mu_1}{\sigma_1}] =$

$E[\sigma_2\sqrt{1-\rho^2}Z_2)^2] = \sigma_2^2(1-\rho^2)$. 多次元正規分布では $X=x$ のもとで Y の分布は正規分布であることが知られているので $X=x$ のもとで Y の分布 $= \mathrm{N}(\mu_2 + \rho\sigma_2\frac{x-\mu_1}{\sigma_1}, \sigma_2^2(1-\rho^2))$

よって, $f_{Y|X}(y|x) = \frac{1}{\sqrt{2\pi\sigma_2^2(1-\rho^2)}}\exp\left\{-\frac{(y-\mu_2-\rho\sigma_2\frac{x-\mu_1}{\sigma_1})^2}{2\sigma_2^2(1-\rho^2)}\right\}$

④ $1 = \iint_{R^2} f_{(X,Y)}(x, y)\mathrm{d}x\mathrm{d}y = c\iint_{0<r<1, 0<\theta<\frac{\pi}{2}} (r\cos\theta)^3(r\sin\theta)r\mathrm{d}r\mathrm{d}\theta = c(1/6)(1/2)\mathrm{B}(2, 1)$

$= (c/12)\frac{\Gamma(2)\Gamma(1)}{\Gamma(3)} = (c/12)(1/2)$, よって $c = 24$, $f_X(x) = \int_{-\infty}^{+\infty} f_{(X,Y)}(x, y)\mathrm{d}y$

$= \int_0^{\sqrt{1-x^2}} 24x^3 y\mathrm{d}y = 12x^3(1-x^2)$, $(0<x<1)$ よって $f_{Y|X}(y|x) = \frac{f_{(X,Y)}(x, y)}{f_X(x)}$

$= \frac{2y}{(1-x^2)}$, $(0<y<\sqrt{1-x^2})$, $E(Y|X=x) = \int_{-\infty}^{+\infty} y f_{Y|X}(y|x)\mathrm{d}y = \int_0^{\sqrt{1-x^2}}\frac{2y^2}{(1-x^2)} = \frac{2\sqrt{1-x^2}}{3}$

$f_Y(y) = \int_{-\infty}^{+\infty} f_{(X,Y)}(x, y)\mathrm{d}x = \int_0^{\sqrt{1-y^2}} 24x^3 y\mathrm{d}x = 6y(1-y^2)^2$, $(0<y<1)$

$f_{X|Y}(x|y) = \frac{f_{(X,Y)}(x, y)}{f_Y(Y)} = \frac{4x^3}{(1-y^2)^2}$, $(0<x<\sqrt{1-y^2})$

よって $E(X|Y=y) = \int_{-\infty}^{+\infty} x f_{X|Y}(x|y)\mathrm{d}x = \int_0^{\sqrt{1-y^2}}\frac{4x^4}{(1-y^2)^2} = \frac{4\sqrt{1-y^2}}{5}$

⑤ $P(X=k) = \int_0^{+\infty} P(X=k|M=m)f_M(m)\mathrm{d}m = \int_0^{+\infty}\frac{m^k e^{-m}}{k!}e^{-m}\mathrm{d}m = (1/k!)(\Gamma(k+1)/2^{k+1})$

$= 1/2^{k+1}$, $(k = 0, 1, \ldots)$. つまり, X の分布 $=\mathrm{Ge}(1/2)$. よって, $E(X) = (1/2)/(1/2) = 1$, $V(X) = (1/2)/(1/2)^2 = 2$

⑥ $f_{(X,M)}(x, m) = f_{X|M}(x|m)f_M(m) = 1/(2m)$ $(-1<-m<x<m<1)$. よって, $f_X(x) = \int_{-\infty}^{+\infty} f_{(X,M)}(x, m)\mathrm{d}m = \int_{|x|}^1 (1/(2m))\mathrm{d}m = (-1/2)\log|x|$, $(-1<x<1)$

$E(X) = (-1/2)\int_{-1}^1 x\log|x|\mathrm{d}x = 0$, $V(X) = E(X^2) - E(X)^2 = (-1/2)\int_{-1}^1 x^2\log|x|\mathrm{d}x =$

$-\int_0^1 x^2\log x\mathrm{d}x = -\left[(x^3\log x)/3 - x^3/9\right]_0^1 = 1/9$

⑦ $k\in N$ に対して, $P(X=k) = \int_0^1 P(X=k|M=m)f_M(m)\mathrm{d}m = \int_0^1 (1-m)^{k-1}m \cdot 3m^2\mathrm{d}m =$

$3\mathrm{B}(k, 4) = 3\dfrac{\Gamma(k)\Gamma(4)}{\Gamma(k+4)} = \dfrac{18}{k(k+1)(k+2)(k+3)}$

$E(X) = \sum_{k=1}^{\infty} k \dfrac{18}{k(k+1)(k+2)(k+3)} = \sum_{k=1}^{\infty} 9\left\{\dfrac{1}{(k+1)(k+2)} - \dfrac{1}{(k+2)(k+3)}\right\} = 3/2$

または，次のようにして求める方法もある．$P(X \geq k) = \sum_{l=k}^{\infty} \dfrac{18}{l(l+1)(l+2)(l+3)}$

$= \sum_{l=k}^{\infty} 6\left\{\dfrac{1}{l(l+1)(l+2)} - \dfrac{1}{(l+1)(l+2)(l+3)}\right\} = \dfrac{6}{k(k+1)(k+2)}$

よって　$E(X) = \sum_{k=1}^{\infty} P(X \geq k) = \sum_{k=1}^{\infty} \dfrac{6}{k(k+1)(k+2)} = \sum_{k=1}^{\infty} 3\left\{\dfrac{1}{k(k+1)} - \dfrac{1}{(k+1)(k+2)}\right\} = 3/2$

> 0 以上や 1 以上の値をとる確率変数 X に対しては
> $$\sum_{k=1}^{\infty} P(X \geq k) = \sum_{k=1}^{\infty} \sum_{l=k}^{\infty} P(X = l) = \sum_{l=1}^{\infty} \sum_{k=1}^{l} P(X = l) = \sum_{l=1}^{\infty} lP(X = l) = E(X)$$
> が成立し，ときどき使われる．

$E[X(X+1)] = \sum_{k=1}^{\infty} k(k+1)\dfrac{18}{k(k+1)(k+2)(k+3)} = \sum_{k=1}^{\infty} 18\left(\dfrac{1}{k+2} - \dfrac{1}{k+3}\right) = 6$，よって $V(X) =$
$E(X^2) - E(X)^2 = E[X(X+1)] - E(X) - \{E(X)\}^2 = 6 - 3/2 - (3/2)^2 = 9/4$

$E(XM) = E[E(XM|M)] = E[E(X|M)M] = E\left(\dfrac{1}{M} \cdot M\right) = 1$

また，$E(M) = 3/4$．よって $\mathrm{Cov}(X, M) = 1 - 3/2 \cdot 3/4 = -1/8$

⑧ $X + Y = Z$ とおき，(X, Z) の同時分布を求める．

$f_{(X,Z)}(x, z) = f_{(X,Y)}(s, t)\left|\dfrac{\partial s}{\partial x}\dfrac{\partial t}{\partial z} - \dfrac{\partial s}{\partial z}\dfrac{\partial t}{\partial x}\right|$, (ここで $x = s$, $z = s + t$ 逆に解いて，

$t = z - x$, $s = x$)
$= e^{-s}e^{-t} = e^{-z}$ $(0 < x < z < \infty)$

> ガンマ分布の再生性より　$\mathrm{Exp}(1) + \mathrm{Exp}(1)$
> $= \Gamma(1, 1) + \Gamma(1, 1) = \Gamma(2, 1)$ でもよい．

すると，$f_Z(z) = \int_{-\infty}^{+\infty} f_{(X,Z)}(x, z)\mathrm{d}x = \int_0^z e^{-z}\mathrm{d}x = ze^{-z}$, $(0 < z < \infty)$

よって $f_{(X|Z)}(x|z) = f_{(X,Z)}(x, z)/f_Z(z) = 1/z$, $(0 < x < z)$. つまり，$Z = c$ のもとでの X の分布
$= \mathrm{U}(0, c)$. よって $E(X|X+Y=c) = c/2$, $E(X|X+Y) = (X+Y)/2$

⑨ $f_{(X,M)}(x, m) = f_{X|M}(x|m)f_M(m) = me^{-mx}\dfrac{1}{\Gamma(a)}\lambda^a m^{a-1}e^{-\lambda m}$

よって，$f_X(x) = \int_0^{+\infty} f_{(X,M)}(x, m)\mathrm{d}m = \dfrac{a}{\lambda(1+x/\lambda)^{a+1}}$ $(0 < x < \infty)$, (translated Pareto distribution という)

また，$E(X) = \int_0^{+\infty} \dfrac{ax}{\lambda\left(1+\dfrac{x}{\lambda}\right)^{a+1}}\mathrm{d}x = a\left(\int_0^{+\infty} \dfrac{1}{\left(1+\dfrac{x}{\lambda}\right)^a}\mathrm{d}x - \int_0^{+\infty} \dfrac{1}{\left(1+\dfrac{x}{\lambda}\right)^{a+1}}\mathrm{d}x\right)$

$= \dfrac{\lambda}{a-1}$, $(a > 1)$. $0 < a \leq 1$ のときは，$E(X) = \infty$

20 推定量, 不偏推定量, 最尤推定量, 有効推定量

定義と公式

　確率分布 ν を持った母集団を ν 母集団といいます．母集団の確率分布の平均を母平均，母集団の確率分布の分散を母分散といいます．たとえば，全日本人の身長の確率分布 $=N(\mu, \sigma^2)$ とすれば $N(\mu, \sigma^2)$ 母集団であり，母平均 $=\mu$，母分散 $=\sigma^2$ です．そこから，n 個の標本 $X_1, X_2, \cdots X_n$ をとるということは $X_1, X_2, \cdots X_n$ は独立で，X_i の分布は ν となることです．$X_1, X_2, \cdots X_n$ で決まる関数 $f(X_1, X_2, \cdots X_n)$ を**推定量（統計量）**といいます．最も大事な推定量は**標本平均**

$$\overline{X} = \frac{X_1 + X_2 + \cdots + X_n}{n}$$

です．また，**不偏標本分散**

$$\widehat{S}^2 = \frac{1}{n-1} \sum_{i=1}^{n} (X_i - \overline{X})^2$$

も重要です．
　ここで，母集団のあるパラメータ θ の推定量 $\widehat{\theta}(X_1, X_2, \cdots X_n)$ が $E[\widehat{\theta}(X_1, X_2, \cdots X_n)] = \theta$ を満たすとき，推定量 $\widehat{\theta}$ は θ の**不偏推定量**であるといわれます．たとえば

$$E(\overline{X}) = \frac{E(X_1) + E(X_2) + \cdots + E(X_n)}{n} = \frac{n\mu}{n} = \mu$$

より標本平均は母平均の不偏推定量です．
　n 個の標本の実現値 $X_1 = x_1, X_2 = x_2, \cdots X_n = x_n$ が与えられたとき，**尤度関数**

$$L(x_1, x_2, \cdots x_n | \theta) = \begin{cases} P(X_1 = x_1) P(X_2 = x_2) \cdots P(X_n = x_n) & \text{（離散の場合）} \\ f(x_1) f(x_2) \cdots f(x_n) & \text{（連続の場合）} \\ (f \text{ は母確率分布の確率密度関数}) \end{cases}$$

> 標本の実現値が起こる確率を最大にする（最も尤もらしくする）ということです．

を最大にする推定量 $\theta(x_1, x_2, \cdots x_n)$ を母パラメータ θ の**最尤推定量**といいます．実際上は，対数尤度関数 $\log L$ を微分して，それが 0 に等しくなる θ を $x_1, x_2, \cdots x_n$ で表せばよいのです．

クラメール・ラオの不等式

T_n を母パラメーター θ の不偏推定量とします．そのなかで分散が最小のものを**有効推定量**といい，これについて以下のクラメール・ラオの不等式が成立します．

$$V(T_n) \geqq \frac{1}{E\left[\left(\frac{\partial}{\partial \theta}\log L\right)^2\right]} \quad (ここで，L は尤度関数)$$

つまり，上の不等式で等号が成立すれば有効推定量となります．

略証

$$1 = \iint L(\theta)\,dx_1\cdots dx_n$$

よって，両辺を θ で微分して

$$0 = \iint \frac{\partial L}{\partial \theta}\,dx_1\cdots dx_n = \iint \left(\frac{\partial}{\partial \theta}\log L\right)L\,dx_1\cdots dx_n = E\left(\frac{\partial}{\partial \theta}\log L\right)$$

また，

$$\theta = E(T_n) = \iint T_n(x_1\cdots x_n)L(\theta)\,dx_1\cdots dx_n$$

両辺を θ で微分して，

$$1 = \iint T_n(x_1\cdots x_n)\frac{\partial L(\theta)}{\partial \theta}\,dx_1\cdots dx_n$$
$$= \iint T_n(x_1\cdots x_n)\left(\frac{\partial}{\partial \theta}\log L\right)L(\theta)\,dx_1\cdots dx_n = E\left(T_n\frac{\partial}{\partial \theta}\log L\right)$$

よって，

$$1 = \left\{E\left[(T_n-\theta)\frac{\partial}{\partial \theta}\log L\right]\right\}^2 \leqq V(T_n)E\left[\left(\frac{\partial}{\partial \theta}\log L\right)^2\right]$$

$$(\because コーシー・シュワルツの不等式)$$

つまり，

$$V(T_n) \geqq \frac{1}{E\left[\left(\frac{\partial}{\partial \theta}\log L\right)^2\right]}$$

$E\left[\left(\frac{\partial \log f}{\partial \theta}(X)\right)^2\right] = V\left(\frac{\partial \log f}{\partial \theta}(X)\right)$ を $I(\theta)$ と書き，**フィッシャー情報量**と呼びます．すると，

$$E\left[\left(\frac{\partial}{\partial \theta}\log L\right)^2\right] = V\left(\frac{\partial}{\partial \theta}\log L\right)$$
$$= V\left(\frac{\partial \log f}{\partial \theta}(X_1) + \frac{\partial \log f}{\partial \theta}(X_2) + \cdots + \frac{\partial \log f}{\partial \theta}(X_n)\right)$$
$$= nV\left(\frac{\partial \log f}{\partial \theta}(X)\right) = nI(\theta)$$

また，クラメール・ラオの等式の等号が成立するのは

$$T_n - \theta = \alpha \frac{\partial}{\partial \theta}\log L$$

を満たすような定数 α が存在するときです．すると，最尤推定量なら，$0 = \frac{\partial}{\partial \theta}\log L$ なので，$\hat{\theta} = T_n$．つまり，T_n が有効推定量ならば必ず最尤推定量にもなるのです．

公式の使い方（例）

① $N(\mu, \sigma^2)$ 母集団からの5個の標本をとると，1，2，1，3，1 でした．標本平均 $\hat{X}$ を求め，不偏標本分散 $\hat{S}^2$ を求めましょう．母平均 μ の 95％信頼区間を求めましょう．また，99％信頼区間も求めましょう．

$$\hat{x} = \frac{1+2+1+3+1}{5} = \frac{8}{5}$$
$$\hat{S}^2 = \frac{1}{4}\{(1-1.6)^2 + (2-1.6)^2 + (1-1.6)^2 + (3-1.6)^2 + (1-1.6)^2\} = 0.8$$

区間推定

ここで $\dfrac{\overline{X} - \mu}{\sqrt{\hat{S}^2/n}}$ は自由度 $n-1$ の t 分布 (t_{n-1}) に従うことが知られています．自由度 $n-1 = 4$ の t 分布の上側 2.5％点 $= t_4(0.025) = 2.776$，上側 0.5％点 $= t_4(0.005) = 4.604$ が知られているので，μ の 95％信頼区間は

$$\frac{8}{5} - 2.776\sqrt{\frac{0.8}{5}} < \mu < \frac{8}{5} + 2.776\sqrt{\frac{0.8}{5}}$$

μ の 99％信頼区間は，

$$\frac{8}{5} - 4.604\sqrt{\frac{0.8}{5}} < \mu < \frac{8}{5} + 4.604\sqrt{\frac{0.8}{5}}$$

② 母平均 μ 母分散 σ^2 の母集団から n 個の標本をとり，標本平均 $\overline{X}$ を作る．このとき，$E(\overline{X})$，$V(\overline{X})$ を求めましょう．また，$\sum_{i=1}^{n}(X_i-\overline{X})^2$ を簡単にし，不偏標本分散 $\widehat{S}^2=\dfrac{1}{n-1}\sum_{i=1}^{n}(X_i-\overline{X})^2$ が母分散の不偏推定量であることを示しましょう．

$$E(\overline{X})=\mu$$

$$\begin{aligned}V(\overline{X})&=V\left(\dfrac{X_1+X_2+\cdots+X_n}{n}\right)\\&=\dfrac{1}{n^2}V(X_1+X_2+\cdots+X_n)\\&=\dfrac{1}{n^2}\{V(X_1)+V(X_2)+\cdots+V(X_n)\}=\dfrac{\sigma^2}{n}\end{aligned}$$

$$\begin{aligned}\sum_{i=1}^{n}(X_i-\overline{X})^2&=\sum_{i=1}^{n}\{X_i^2-2X_i\overline{X}+(\overline{X})^2\}\\&=\sum_{i=1}^{n}X_i^2-2\overline{X}\sum_{i=1}^{n}X_i+n(\overline{X})^2\\&=\sum_{i=1}^{n}X_i^2-n(\overline{X})^2\end{aligned}$$

$$\begin{aligned}E(\widehat{S}^2)&=\dfrac{1}{n-1}\left[\left\{\sum_{i=1}^{n}E(X_i^2)\right\}-nE[(\overline{X})^2]\right]\\&=\dfrac{1}{n-1}\left[\left\{\sum_{i=1}^{n}(\sigma^2+\mu^2)\right\}-n\{V(\overline{X})+(E(\overline{X}))^2\}\right]\\&=\dfrac{1}{n-1}\left\{(n\sigma^2+n\mu^2)-n\left(\dfrac{\sigma^2}{n}+\mu^2\right)\right\}=\sigma^2\end{aligned}$$

③ $X_1, X_2, \cdots X_n$ を $N(\mu, \sigma^2)$ 母集団 （母集団の確率分布が $N(\mu, \sigma^2)$) からの n 個の標本とするとき，次を求めてみましょう．

ただし $\widehat{V}^2=$ 母平均 μ が既知のときの標本分散 $=\dfrac{\sum_{i=1}^{n}(X_i-\mu)^2}{n}$ とします．

(1) $E(\overline{X})$ (2) $V(\overline{X})$ (3) $E[(\overline{X})^2]$ (4) $E[(\overline{X}-\mu)^4]$ (5) $E(\widehat{V}^2)$ (6) $E(\widehat{S}^2)$

(1) $E(\overline{X})=\dfrac{E(X_1)+\cdots+E(X_n)}{n}=\dfrac{n\mu}{n}=\mu$

(2) $V(\overline{X})=\dfrac{1}{n^2}V(X_1+\cdots+X_n)=\dfrac{1}{n^2}nV(X_1)=\dfrac{\sigma^2}{n}$

(3) $E[(\overline{X})^2]=V(\overline{X})+\{E(\overline{X})\}^2=\dfrac{\sigma^2}{n}+\mu^2$

(4) 正規分布の再生性より，$X_1+\cdots+X_n$ の分布は $N(n\mu, n\sigma^2)$ となります．ですから $\dfrac{X_1+\cdots+X_n}{n}$ の分布は $N\left(\mu, \dfrac{\sigma^2}{n}\right)$ となります．よって

$$\widehat{X}-\mu \text{ の分布} = N\left(0, \dfrac{\sigma^2}{n}\right) = \dfrac{\sigma}{\sqrt{n}} N(0, 1)$$

ゆえに

$$E[(\widehat{X}-\mu)^4] = \dfrac{\sigma^4}{n^2} E[N(0, 1)^4] = \dfrac{3\sigma^2}{n^2}$$

(5) $E(\widehat{V}^2) = \dfrac{\sigma^2}{n} \sum_{i=1}^{n} E\left[\left(\dfrac{X_i-\mu}{\sigma}\right)^2\right] = \dfrac{\sigma^2}{n} n E[(N(0, 1)^2] = \sigma^2$

(6) $\widehat{S}^2$ は母分散 σ^2 の不偏推定量なので，$E(\widehat{S}^2) = \sigma^2$

④ 母集団が次の各分布の場合，n 個の標本 $x_1, x_2, \cdots, x_n$ が選ばれたとき，未知パラメーター(母数)の最尤推定量を求めましょう．

(1) $B(m, p)$ で m が既知のとき　(2) $Ge(p)$　(3) $Exp(\lambda)$

(1) $X_1, X_2, \cdots X_n$ を母集団からの n 個の標本とします．すると尤度関数

$$L(p) = P(X_1=x_1)P(X_2=x_2) \cdots P(X_n=x_n)$$
$$= \binom{m}{x_1} p^{x_1} q^{m-x_1} \binom{m}{x_2} p^{x_2} q^{m-x_2} \cdots \binom{m}{x_n} p^{x_n} q^{m-x_n}$$
$$= \text{定数} \cdot p^{n\overline{x}} (1-p)^{nm-n\overline{x}}$$

よって

$$0 = \dfrac{d}{dp} \log L(p) = \dfrac{n\overline{x}}{p} - \dfrac{nm-n\overline{x}}{1-p}$$

これを解いて

$$\widehat{p} = \dfrac{\overline{x}}{m}$$

(2) 尤度関数

$$L(p) = P(X_1=x_1)P(X_2=x_2) \cdots P(X_n=x_n)$$
$$= p(1-p)^{x_1} \cdot p(1-p)^{x_2} \cdots p(1-p)^{x_n}$$
$$= p^n (1-p)^{n\overline{x}}$$

よって，
$$0 = \frac{d}{dp}\log L(p) = \frac{n}{p} - \frac{n\overline{x}}{1-p}$$

これを解いて
$$\hat{p} = \frac{1}{1+\overline{x}}$$

(3) 尤度関数
$$L(\lambda) = f_{X_1}(x_1) f_{X_2}(x_2) \cdots f_{X_n}(x_n)$$
$$= \lambda e^{-\lambda x_1} \cdots \lambda e^{-\lambda x_n}$$
$$= \lambda^n e^{-n\lambda\overline{x}}$$

よって，
$$0 = \frac{d}{d\lambda}\log L(\lambda) = \frac{n}{\lambda} - n\overline{x}$$

これを解いて
$$\hat{\lambda} = \frac{1}{\overline{x}}$$

⑤ 以下の各母集団について，標本平均 $\overline{X} = \dfrac{X_1 + \cdots + X_n}{n}$ が母平均 μ の有効推定量であることを示しましょう．

(1) $\mathrm{Exp}\left(\dfrac{1}{\mu}\right)$ (2) $\mathrm{B}(m, p)$

(1)
$$E\left[\mathrm{Exp}\left(\frac{1}{\mu}\right)\right] = \mu,$$
$$f_{\mathrm{Exp}(\frac{1}{\mu})}(x) = \frac{1}{\mu} e^{-\frac{x}{\mu}}$$

よって，
$$\log f(x) = -\frac{x}{\mu} - \log \mu,$$
$$\frac{\partial}{\partial \mu}\log f(x) = \frac{x}{\mu^2} - \frac{1}{\mu}$$

$$I(\mu) = V\left(\frac{\partial}{\partial \mu}\log f(X)\right) = V\left(\frac{X}{\mu^2} - \frac{1}{\mu}\right) = \frac{1}{\mu^4}V(X) = \frac{1}{\mu^2}$$

一方

$$V(\overline{X}) = \frac{1}{n}V(X) = \frac{\mu^2}{n}$$

ゆえに

$$V(\overline{X}) = \frac{1}{nI(\mu)}$$

が成立するので，$\overline{X}$ は有効推定量です．

(2)

$$E(\mathrm{B}(m, p)) = mp = \mu$$

$$\log P(\mathrm{B}(m, p) = x) = \log\binom{m}{x} + x\log p + (m-x)\log(1-p)$$

$$= \log\binom{m}{x} + x\log\frac{\mu}{m} + (m-x)\log\left(1 - \frac{\mu}{m}\right)$$

$$\frac{\partial}{\partial \mu}\log P(\mathrm{B}(m, p) = x) = \frac{m(x-\mu)}{\mu(m-\mu)}$$

$$I(\mu) = V\left(\frac{m(X-\mu)}{\mu(m-\mu)}\right) = \frac{m^2}{\mu^2(m-\mu)^2}V(X) = \frac{m}{\mu(m-\mu)}$$

よって

$$\frac{1}{nI(\mu)} = \frac{\mu(m-\mu)}{nm}$$

一方

$$V(\overline{X}) = \frac{1}{n}mp(1-p) = \frac{\mu(m-\mu)}{mn}$$

やってみましょう

① $X_1, X_2, \ldots, X_n$ を $\mathrm{Po}(\mu)$ 母集団からの n 個の標本とするとき，以下を求めましょう．
(1) $E(\bar{X})$ (2) $V(\bar{X})$ (3) $E[(\bar{X})^2]$

    (1) $E(\mathrm{Po}(\mu))=\mu$ より，$E(\bar{X})=$ ☐

    (2) $V(\mathrm{Po}(\mu))=\mu$ より，$V(\bar{X})=$ ☐

    (3) $E[(\bar{X})^2]=V(\bar{X})+\{E(\bar{X})\}^2=$ ☐

② $X_1, X_2, \ldots, X_n$ を $\mathrm{Exp}\left(\dfrac{1}{\mu}\right)$ 母集団からの n 個の標本とするとき，以下を求めましょう．
(1) $E(\bar{X})$ (2) $E[(\bar{X})^2]$
(3) $c_n(\bar{X})^2$ が母分散 μ^2 の不偏推定量となるような定数 c_n (4) $E(\hat{S}^2)$

まず，$E\left(\mathrm{Exp}\left(\dfrac{1}{\mu}\right)\right)=\mu$，$V\left(\mathrm{Exp}\left(\dfrac{1}{\mu}\right)\right)=\mu^2$ に注意します．

    (1) $E(\bar{X})=$ ☐

    (2) $E[(\bar{X})^2]=V(\bar{X})+\{E(\bar{X})\}^2=$ ☐ $+$ ☐ $=$ ☐

    (3) (2)より，$c_n=$ ☐

    (4) $E(\hat{S}^2)=$ ☐

③ 母集団が次の各分布の場合，n 個の標本 $x_1, x_2, \ldots, x_n$ が選ばれたとき，未知パラメーター(母数)の最尤推定量を求めましょう．(1) $\mathrm{Po}(\lambda)$ (2) $\mathrm{N}(\mu, \sigma^2)$ で σ^2 が既知のとき
(1) 尤度関数

$$L(\lambda) = P(X_1=x_1)P(X_2=x_2)\cdots\cdots P(X_n=x_n) = \boxed{} \cdots\cdots \boxed{}$$

$$= \frac{\lambda^{\boxed{}}}{\boxed{}!\cdots\cdots\boxed{}!} e^{\boxed{}}$$

$$0 = \frac{d}{d\lambda}\log L(\lambda) = \boxed{}$$

これを解いて

$$\hat{\lambda} = \boxed{}$$

(2) 尤度関数
$$L(\mu) = f_{X_1}(x_1 ; \mu) f_{X_2}(x_2 ; \mu) \cdots\cdots f_{X_n}(x_n ; \mu)$$
$$= \left(\frac{1}{\sqrt{2\pi}\sigma}\right)^n e^{-(1/2\sigma^2)\{(x_1-\mu)^2+(x_2-\mu)^2+\cdots\cdots+(x_n-\mu)^2\}}$$

よって,

$$0 = \frac{d}{d\mu}\log L(\mu) = \boxed{} = \boxed{}$$

よって

$$\hat{\mu} = \boxed{}$$

④ 以下の各母集団について,標本平均 $\overline{X} = \dfrac{X_1+\cdots\cdots+X_n}{n}$ が母平均 μ の有効推定量であることを示しましょう.

(1) Po(λ) (2) N(μ, σ^2)

(1)
$$E(\text{Po}(\lambda)) = \lambda,$$

$$\log P(\text{Po}(\lambda) = x) = \boxed{}$$

$$\frac{\partial}{\partial \lambda} \log P(\text{Po}(\lambda) = x) = \boxed{}$$

よって

$$I(\mu) = V(\boxed{}) = \boxed{}$$

ゆえに

$$V(\overline{X}) = \frac{1}{n} V(X) = \boxed{} = \frac{1}{nI(\mu)}$$

より，$\overline{X}$ は有効推定量となります．

(2)
$$E[N(\mu, \sigma^2)] = \mu, \quad f(x) = \frac{1}{\sqrt{2\pi}\,\sigma} \exp\left\{-\frac{(x-\mu)^2}{2\sigma^2}\right\}$$

$$\frac{\partial}{\partial \mu} \log f(x) = \boxed{}$$

よって

$$V\left(\frac{\partial}{\partial \mu} \log f(x)\right) = V(\boxed{}) = \boxed{}$$

ゆえに

$$\frac{1}{nI(\mu)} = \boxed{}$$

また，

$$V(\overline{X}) = \frac{1}{n} V(X) = \boxed{}$$

つまり，
$$V(\overline{X}) = \frac{1}{nI(\mu)}$$
よって，$\overline{X}$ は有効推定量です．

練習問題

① 母集団が次の各分布の場合，n 個の標本 $x_1, x_2, \ldots, x_n$ が選ばれたとき，未知パラメーター（母数）の最尤推定量を求めよ．
(1) $N(\mu, \sigma^2)$ で，μ が既知のときの σ^2 (2) $\Gamma(a, \lambda)$ で a の値が既知のときの λ

② $\mathrm{Ge}(p)$ 母集団について，標本平均 $\overline{X} = \dfrac{X_1 + \cdots + X_n}{n}$ が母平均 μ の有効推定量であることを示せ．

答え

やってみましょうの答え

①
(1) $E(\overline{X}) = \boxed{\mu}$ (2) $V(\mathrm{Po}(\mu)) = \mu$ より，$V(\overline{X}) = \boxed{\dfrac{\mu}{n}}$

(3) $E[(\overline{X})^2] = V(\overline{X}) + \{E(\overline{X})\}^2 = \boxed{\dfrac{\mu}{n}} + \mu^2$

②
(1) $E(\overline{X}) = \boxed{\mu}$ (2) $E[(\overline{X})^2] = \boxed{\dfrac{\mu^2}{n}} + \boxed{\mu^2} = \dfrac{(n+1)\mu^2}{n}$

(3) $c_n = \boxed{\dfrac{n}{n+1}}$ (4) $E(\widehat{S}^2) = \boxed{\mu^2}$

③ (1) $L(\lambda) = \boxed{\dfrac{\lambda^{x_1} e^{-\lambda}}{x_1!}} \cdots \boxed{\dfrac{\lambda^{x_n} e^{-\lambda}}{x_n!}} = \dfrac{\lambda^{\boxed{x_1 + \cdots + x_n}}}{\boxed{x_1!} \cdots \boxed{x_n!}} e^{\boxed{-n\lambda}}$

$0 = \dfrac{d}{d\lambda} \log L(\lambda) = \boxed{\dfrac{n\overline{x}}{\lambda}} - n$，これを解いて $\hat{\lambda} = \boxed{\overline{x}}$

(2) $0 = \dfrac{d}{d\mu} \log L(\mu) = \boxed{-\dfrac{1}{\sigma^2}(x_1 - \mu + x_2 - \mu + \cdots + x_n - \mu)} = -\dfrac{n}{\sigma^2}(\overline{x} - \mu)$,

これを解いて $\hat{\mu}=\boxed{\bar{x}}$

④

(1) $\log P(\text{Po}(\lambda)=x)=\boxed{x\log\lambda - \log x! - \lambda}$, $\dfrac{\partial}{\partial\lambda}\log P(\text{Po}(\lambda)=x)=\boxed{\dfrac{x}{\lambda}-1}$

よって $I(\mu)=V\left(\dfrac{X}{\lambda}-1\right)=\boxed{\dfrac{1}{\lambda}}$

ゆえに $V(\overline{X})=\dfrac{1}{n}V(X)=\boxed{\dfrac{\lambda}{n}}=\dfrac{1}{nI(\mu)}$

(2) $\dfrac{\partial}{\partial\mu}\log f(x)=\boxed{\dfrac{1}{\sigma^2}(x-\mu)}$

よって, $V\left(\dfrac{\partial}{\partial\mu}\log f(x)\right)=V\left(\boxed{\dfrac{1}{\sigma^2}(X-\mu)}\right)=\boxed{\dfrac{1}{\sigma^2}}$

ゆえに, $\dfrac{1}{nI(\mu)}=\boxed{\dfrac{\sigma^2}{n}}$, また, $V(\overline{X})=\dfrac{1}{n}V(X)=\boxed{\dfrac{\sigma^2}{n}}$

練習問題の答え

① (1) 尤度関数 $L(\sigma^2)=f_{X_1}(x_1;\sigma^2)f_{X_2}(x_2;\sigma^2)\cdots\cdots f_{X_n}(x_n;\sigma^2)$

$=(1/(2\pi\sigma^2))^{n/2}\exp\left\{-\dfrac{(x_1-\mu)^2+(x_2-\mu)^2+\cdots\cdots+(x_n-\mu)^2}{2\sigma^2}\right\}$

よって, $0=\dfrac{d}{d\sigma^2}\log L(\sigma^2)=-\dfrac{n}{2\sigma^2}+\dfrac{(x_1-\mu)^2+\cdots\cdots+(x_n-\mu)^2}{2\sigma^4}$

よって $\hat{\sigma}^2=\dfrac{\sum_{i=0}^{n}(x_i-\mu)^2}{n}$

(2) 尤度関数 $L(\lambda)=f_{X_1}(x_1;\lambda)f_{X_2}(x_2;\lambda)\cdots\cdots f_{X_n}(x_n;\lambda)$

$=\dfrac{1}{\Gamma(a)}\lambda^a x_1^{a-1}e^{-\lambda x_1}\cdots\dfrac{1}{\Gamma(a)}\lambda^a x_n^{a-1}e^{-\lambda x_n}$

$0=\dfrac{d}{d\lambda}\log L(\lambda)=\dfrac{na}{\lambda}-n\bar{x}$

ゆえに, $\hat{\lambda}=\dfrac{a}{\bar{x}}$

② $E(\text{Ge}(p))=(1-p)/p=\mu$, $P(\text{Ge}(p)=x)=p(1-p)^x=(1/(\mu+1))(\mu/(\mu+1))^x$,

$\log P(\text{Ge}(p)=x)=x\{\log\mu-\log(\mu+1)\}-\log(\mu+1)$

$\dfrac{\partial}{\partial\mu}\log P(\text{Ge}(p)=x)=\dfrac{x}{\mu(\mu+1)}-\dfrac{1}{\mu+1}\therefore I(\mu)=V\left(\dfrac{X}{\mu(\mu+1)}-\dfrac{1}{\mu+1}\right)=\dfrac{1}{\mu^2(\mu+1)^2}\dfrac{1-p}{p^2}=\dfrac{1}{\mu(\mu+1)}$

また, $V(\overline{X})=\dfrac{1}{n}V(X)=\dfrac{1}{n}\cdot\dfrac{1-p}{p^2}=\dfrac{\mu(\mu+1)}{n}=\dfrac{1}{nI(\mu)}$ より, $\overline{X}$ は有効推定量となる.

21 総合問題

練習問題

① 品物が5つある．1つ無作為に選んでもとに戻すという操作を繰り返す．このとき，5つの品物すべて選ぶまでの操作の回数の期待値を求めよ．

② Y の分布 $= U(0, 1)$，$Y=y$ という条件のもとで，X の分布 $= B(n, y)$ である．X の分布，つまり，$P(X=k) (k=0, 1, 2, \cdots, n)$ を求めよ．また，$E(X)$ を求めよ．

③ Y の分布 $= \mathrm{Exp}(1)$，$Y=y$ という条件のもとで X の分布 $= \mathrm{Po}(y)$ である．
X の分布，つまり，$P(X=k) (k=0, 1, 2, \cdots)$ を求めよ．また，$E(X)$ を求めよ．

④ $Y_1 = \sum_{i=1}^{N} X_i$，$Y_2 = N - Y_1$

ここで，N の分布 $= \mathrm{Po}(\lambda)$，X_i の分布 $= \mathrm{Be}\left(\frac{1}{2}\right)$，$X_1, \cdots, X_n, \cdots, N$ は独立とする．
このとき，Y_1 と Y_2 は独立であることを示し，Y_1 と Y_2 の分布をそれぞれ求めよ．

⑤ 確率変数の確率密度関数 $f_X(x)$ が以下のように与えられている．このとき，以下を求めよ．
$$f_X(x) = \begin{cases} cx^{-2} & (1 < x < 2) \\ 0 & (その他) \end{cases}$$

(1) 定数 c の値，$E(X)$，$V(X)$，$E(e^{1/X})$

(2) $Z = \log X$ とするとき，Z の密度関数 $f_Z(x)$

⑥ X の分布関数 $F_X(x)$ が定数 A, B を用いて $F_X(x) = A + B \mathrm{Arctan}(x/2)$ で与えられている．このとき，A, B, X の密度関数 $f_X(x)$ を求めよ．

⑦ X の分布 $= \mathrm{Exp}(1)$ である．このとき，確率変数 Y を以下のように定義する．
$$Y = \begin{cases} 1/X & X > 1 \text{ のとき} \\ X & 0 < X < 1 \text{ のとき} \end{cases}$$

Y の密度関数 $f_Y(x)$ を求めよ．

⑧ X の分布 $= \mathrm{Exp}(\mu)$，Y の分布 $= \mathrm{Exp}(\lambda)$，X と Y は独立とする．
$M = \max(X, Y)$，$m = \min(X, Y)$ とするとき，$f_M(x), f_m(x), E(M), E(m)$ を求めよ．

⑨ X の分布 $= Y$ の分布 $= \mathrm{Exp}(1)$，X と Y は独立とする．このとき，$\sqrt{X}$ の密度関数，$X+Y$ の密度関数，Y/X の密度関数を求めよ．

⑩ X の分布 $= Y$ の分布 $= N(0, 1)$，X と Y は独立とする．このとき，$R = \sqrt{X^2 + Y^2}$ の密度関数 $f_R(u), E(R), V(R)$ を求めよ．

⑪　表が出る確率が p の硬貨を，独立に何回も投げる．
  (1)　はじめて表が出るまでの回数 T_1 の期待値を求めよ．また，T_1 が奇数回となる確率を求めよ．
  (2)　表が2回出るまでの回数 T_2 の期待値を求めよ．
  (3)　はじめて表が2回続けて出るまでの回数 T_3 の期待値を求めよ．

⑫　区間 $[0, 1]$ の中で，2つの数を無作為かつ独立に選ぶ．このとき，大きい数を3乗した値が小さい方の数より小さいという条件のもとで，大きい方の数を2乗した値が小さい方の数より大きい確率を求めよ．

⑬　$1, 2, \cdots, m$ の数字を書いたカードをよく切ってから $1, 2, \cdots, m$ と番号をつけた場所に1枚ずつ置いていく．置かれたカードの数字と場所の番号が一致しているのが何ヵ所あるか数える．その個数を X としたとき，$E(X)$，$V(X)$ を求めよ．
  （ヒント
  $$X_k = \begin{cases} 1 & （数字 k のカードが k 番目にあるとき） \\ 0 & （数字 k のカードが k 番目にないとき） \end{cases}$$
  を考える）

⑭　A，B，C の3人が $ABCABCABCABC\cdots$ の順番でサイコロを投げる．最初に6の目を出した人が勝ちとする．A が勝つ確率を求めよ．

⑮　X の分布 $= \Gamma(a, 1)$，Y の分布 $= \Gamma(b, 1)$，X と Y は独立とする．$U = X + Y$，$V = X/(X+Y)$ とするとき，U と V は独立であることを示し，U，V の分布をそれぞれ求めよ．また，このとき，$E(X/(X+Y)) = E(X)/(E(X) + E(Y))$ を示せ．

⑯　白球 a 個，黒球 b 個入れたつぼがある．1球ずつ取り出すことを，すべて同じ色の球がつぼの中に残るまで続ける．つぼの中に残る球が白である確率を求めよ．

⑰　X_1，X_2，X_3，X_4 は独立で，すべて分布は $U(0, 1)$ である．小さい順に並べ替えて $X_{(1)} < X_{(2)} < X_{(3)} < X_{(4)}$ とする．$P(X_{(3)} + X_{(4)} < 1)$ を求めよ．

⑱　X，Y，Z，U は独立で，分布はすべて $N(0, 1)$ である．$W = X^2 + Y^2 + Z^2 + U^2$ の密度関数，$E(W)$，$V(W)$ を求めよ．

⑲　つぼのなかに，m 個の白い球と $M-m$ 個の黒い球が入っている．球を1個ずつもとに戻さないで選んでいく．
  (1)　n 回の試行でちょうど k 個の白球が選ばれる確率 p_k を求めよ．
  (2)　i 回目の試行で黒球なら0，白球なら1という確率変数 X_i をとり，$X = X_1 + \cdots + X_n$ とおく．
  　$P(X=k)$，$P(X_i=1)$，$P(X_i=1$ かつ $X_j=1)$ $(i \neq j)$ を求め，$E(X)$，$E(X^2)$，$V(X)$ を求めよ．

⑳　事象 A_1，A_2，$\cdots A_n$，$\cdots$ は独立で，$P(A_n) = 1 - 1/n$ である．$N = \min\{n | A_n$ が起こる$\}$（つまり，A_1，A_2，$\cdots A_n$ のなかで最初に起こる番号）とする．このとき，$P(N=k)$，$g_N(t)$

$=E(t^N)$, $E(N)$ を求めよ.

㉑ 点 A は原点 $(0,0)$ から出発し,各ステップごとに確率 $1/2$ で右に 1 動くか,確率 $1/2$ で上に 1 動く.ただし,直線 $x=n$ 上では確率 1 で上に 1 動き,直線 $y=n$ 上では右に 1 動くとする.点 A が (k, l) を通過する確率を $P(k, l)$ とするとき,$P(n, 2)$ を求めよ.

㉒ 直径 2 の半円がある.直径を AB とし,半円弧を $\overparen{AB}$,点 P は直径 AB 上の一様分布であり,点 Q の分布は半円弧 $\overparen{AB}$ 上の一様分布である.$A(1, 0)$,$B(-1, 0)$ とおく.また,P と Q は独立とする.P と Q を結ぶ線分の長さを $\overline{PQ}$ とするとき,$E(\overline{PQ}^2)$ を求めよ.$\triangle APQ=$ 3角形 APQ の面積,とするとき,$E(\triangle APQ)$ を求めよ.

㉓ 点 P と Q は半径 1 の円周上に一様分布しており,互いに独立である.このとき,$E(\overline{PQ}^2)$,$E(\overline{PQ})$ を求めよ.

答 え

① 品物をはじめて $n-1$ 種類選んだときから,はじめて n 種類目を選ぶまでの回数を T_n とする.すると,求めるものは,$E(T_1+T_2+T_3+T_4+T_5)$ である.また,明らかに $T_1=1$ また,T_2 の分布 $=\mathrm{Fs}(4/5)$,T_3 の分布 $=\mathrm{Fs}(3/5)$,T_4 の分布 $=\mathrm{Fs}(2/5)$,T_5 の分布 $=\mathrm{Fs}(1/5)$ で $E(\mathrm{Fs}(p))=1/p$ より,$E(T_1+T_2+T_3+T_4+T_5)=5(1/5+1/4+1/3+1/2+1/1)$

② $P(X=k)=\int_0^1 P(X=k\,|\,Y=y)f_Y(y)\mathrm{d}y=\int_0^1 \binom{n}{k}y^k(1-y)^{n-k}\mathrm{d}y=\binom{n}{k}B(k+1, n-k+1)$

$=\dfrac{1}{n+1}$(離散一様分布),$E(X)=\sum\limits_{i=0}^{n}iP(X=i)=\dfrac{n}{2}$

③ $P(X=k)=\int_0^\infty P(X=k\,|\,Y=y)f_Y(y)\mathrm{d}y=\int_0^\infty \dfrac{y^k\mathrm{e}^{-y}}{k!}\mathrm{e}^{-y}\mathrm{d}y=\left(\dfrac{1}{2}\right)^{k+1}$,$(k=0, 1, \cdots)$(分布は $\mathrm{Ge}\left(\dfrac{1}{2}\right)$,$E(X)=\dfrac{1/2}{1/2}=1$

④ $P(Y_1=l$ かつ $Y_2=k)=P(Y_1=l$ かつ $N=k+l)=P(Y_1=l\,|\,N=k+l)P(N=k+l)$

$=P(\sum\limits_{i=1}^{k+l}X_i=l\,|\,N=k+l)P(N=k+l)=P(\mathrm{B}(k+l, 1/2)=l)P(N=k+l)$

$=\binom{k+l}{l}(1/2)^{k+l}\dfrac{\lambda^{k+l}\mathrm{e}^{-\lambda}}{(k+l)!}=\dfrac{(\lambda/2)^l\mathrm{e}^{-\lambda/2}}{l!}\dfrac{(\lambda/2)^k\mathrm{e}^{-\lambda/2}}{k!}$

∴ Y_1,Y_2 は独立で,それらの分布はどちらも $\mathrm{Po}(\lambda/2)$

⑤ (1) $1=\int_{-\infty}^{+\infty}f_X(x)\mathrm{d}x=c\,[-1/x]_1^2=c/2$,$c=2$,$E(X)=2\log 2$,$V(X)=2-(2\log 2)^2$,

$E(\mathrm{e}^{1/X})=2\int_1^{1/2}\mathrm{e}^u(-\mathrm{d}u)=2(\mathrm{e}-\mathrm{e}^{1/2})$

(2) $P(0<Z<\log 2)=1$,$0<x<\log 2$ として,$F_Z(x)=P(Z<x)=P(X<\mathrm{e}^x)=F_X(\mathrm{e}^x)$

両辺を x で微分して,$f_Z(x)=f_X(\mathrm{e}^x)(\mathrm{e}^x)'=2\mathrm{e}^{-x}$,$(0<x<\log 2)$

⑥ $\lim_{x\to\infty}F_X(x)=1$, $\lim_{x\to-\infty}F_X(x)=0$ より，$A+B(\pi/2)=1$, $A-B(\pi/2)=0$

∴ $A=1/2$, $B=1/\pi$, $f_X(x)=\dfrac{d}{dx}F_X(x)=\dfrac{1}{2\pi(1+x^2/4)}$，（コーシー分布）

⑦ 明らかに $P(0<Y<1)=1$, $0<x<1$ に対して，$P(Y<x)=P(Y<x$ かつ $X>1)+P(Y<x$ かつ $0<X<1)=P(1/X<x$ かつ $X>1)+P(X<x$ かつ $0<X<1)=P(X>1/x)+P(0<X<x)=1-F_X(1/x)+F_X(x)$

$f_X(x)=\dfrac{d}{dx}(1-F_X(1/x)+F_X(x))=f_X(1/x)(1/x^2)+f_X(x)=1/x^2 e^{-1/x}+e^{-x}$ $(0<x<1)$

⑧ $x>0$ として，$F_M(x)=F_X(x)F_Y(x)$, $f_M(x)=f_X(x)F_Y(x)+f_Y(x)F_X(x)=$
$\mu e^{-\mu x}+\lambda e^{-\lambda x}-(\mu+\lambda)e^{-(\mu+\lambda)x}$ $(x>0)$

$x>0$ として，$1-F_m(x)=P(X>x$ かつ $Y>x)=P(X>x)P(Y>x)=e^{-\mu x}e^{-\lambda x}$，微分して，
$f_m(x)=(\mu+\lambda)e^{-(\mu+\lambda)x}$ $(x>0)$

つまり，m の分布 $=\mathrm{Exp}(\mu+\lambda)$．

$E(m)=\dfrac{1}{\mu+\lambda}$, $E(M)=E(X)+E(Y)-E(m)=\dfrac{1}{\mu}+\dfrac{1}{\lambda}-\dfrac{1}{\mu+\lambda}$

⑨ $x>0$ として，$F_{\sqrt{X}}(x)=P(\sqrt{X}\le x)=P(X\le x^2)=F_X(x^2)$

∴ $f_X(x)=f_X(x^2)(x^2)'=e^{-x^2}(2x)$, $(x>0)$

ガンマ分布の再生性より，$X+Y$ の分布 $=\Gamma(2,1)$ ∴ $f_{X+Y}(x)=xe^{-x}$ $(x>0)$

$u>0$ として，$P(Y/X<u)=\iint_{0<y/x<u}e^{-(x+y)}dxdy=\int_0^\infty e^{-y}dy\int_{y/u}^\infty e^{-x}dx=\dfrac{u}{u+1}$

微分して，$f_{Y/X}(u)=\dfrac{1}{(u+1)^2}$ $(u>0)$

⑩ $u>0$ として，$F_R(u)=P(X^2+Y^2\le u^2)=\iint_{x^2+y^2\le u^2}(1/2\pi)e^{-(x^2+y^2)/2}dxdy$

$=\int_0^u(1/2\pi)e^{-r^2/2}rdr\int_0^{2\pi}d\theta$ よって，両辺を u で微分して $f_R(u)=ue^{-u^2/2}$, $(u>0)$

$E(R)=\int_0^{+\infty}u^2e^{-u^2/2}du=\int_0^{+\infty}(\sqrt{2x})^2 e^{-x}\sqrt{2}(1/2)x^{-1/2}dx=\dfrac{\sqrt{2\pi}}{2}$, $E(R^2)=\int_0^{+\infty}u^3e^{-u^2/2}du$

$=2$，または，$E(R^2)=E(X^2+Y^2)=1+1=2$, $V(R)=E(R^2)-\{E(R)\}^2=2-\pi/2$

⑪ (1) T_1 の分布 $=\mathrm{Fs}(p)$ ∴ $E(T_1)=1/p$, $P(T_1=$ 奇数$)=\sum_{i=1}^\infty pq^{2i-1-1}=\dfrac{1}{1+q}$

(2) T_2 の分布 $=T_1+T_1'$，（独立な和） ∴ $E(T_2)=2E(T_1)=2/p$ (注意 T_2-2 の分布 $=\mathrm{NB}(2,p)$)

(3) 1回目2回目が表表ならそこで終わり，表裏ならその後は T_3 と同じ分布の確率変数 T_3'，1回目が裏なら，その後は T_3 と同じ分布の確率変数 T_3''

よって，$E(T_3)=p^2\cdot 2+pq(2+E(T_3'))+q(1+E(T_3''))=2p^2+2pq+q+(pq+q)E(T_3)$

つまり，$E(T_3)=\dfrac{2p^2+2pq+q}{1-q-pq}=\dfrac{1+p}{p^2}$

⑫　X の分布 $= Y$ の分布 $= U(0, 1)$, X と Y は独立とする．すると，求める確率 $=$
$P(\min(X, Y) < \max(X, Y)^2 | \max(X, Y)^3 < \min(X, Y)) =$
$$\frac{P(\max(X, Y)^3 < \min(X, Y) < \max(X, Y)^2)}{P(\max(X, Y)^3 < \min(X, Y))}$$
ここで，$P(\max(X, Y)^3 < \min(X, Y)) = 2\iint_{0 < x^3 < y < x < 1} dx\,dy = 1/2$, $P(\max(X, Y)^3 <$
$\min(X, Y) < \max(X, Y)^2) = 2\iint_{0 < x^3 < y < x^2 < 1} dx\,dy = 1/6$
よって求める確率 $= \dfrac{1/6}{1/2} = 1/3$

⑬　$X = X_1 + X_2 + \cdots + X_m$
∴ $E(X_k) = 1 \cdot (1/m) + 0 \cdot \{(m-1)/m\} = 1/m$ より，$E(X) = m \cdot (1/m) = 1$.
また，$i \neq j$ のとき，$E(X_i X_j) = 1 \cdot P(X_i = X_j = 1) = 1/m \cdot 1/(m-1)$
∴ $E[(X_1 + X_2 + \cdots + X_n)^2] = E[X_1^2 + \cdots + X_n^2 + 2(X_1 X_2 + \cdots + X_{n-1} X_n)] =$
$m \cdot (1/m) + 2\binom{m}{2} \cdot \{1/m \cdot 1/(m-1)\} = 2$, $V(X) = E(X^2) - \{E(X)\}^2 = 2 - 1 = 1$

⑭　A が勝つ確率を p_A, B が勝つ確率を p_B, C が勝つ確率を p_C とする．$p_A = 1/6 + (5/6)p_C$, $p_B = 5/6\,p_A$, $p_A + p_B + p_C = 1$ を解いて，$p_A = 36/91$

⑮　まず，$u = x + y$, $v = x/(x+y)$, $(u > 0, 0 < v < 1) \Leftrightarrow x = uv$, $y = u(1-v)$ に注意する．
$$f_{(U,V)}(u, v) = f_{(X,Y)}(x, y)\left|\frac{\partial x}{\partial u}\frac{\partial y}{\partial v} - \frac{\partial x}{\partial v}\frac{\partial y}{\partial u}\right| = \frac{1}{\Gamma(a)\Gamma(b)} x^{a-1} e^{-x} y^{b-1} e^{-y} \cdot u$$
$$= \frac{1}{\Gamma(a)\Gamma(b)} u^{a+b-1} e^{-u} v^{a-1}(1-v)^{b-1} = \frac{1}{\Gamma(a+b)} u^{a+b-1} e^{-u} \cdot \frac{1}{B(a, b)} v^{a-1}(1-v)^{b-1}$$
つまり，U と V は独立で，U の分布 $= \Gamma(a+b, 1)$, V の分布 $= \beta(a, b)$
$X = UV$ より，$E(X) = E(U)E(V) = (E(X) + E(Y))E(X/(X+Y))$
∴ $E(X/(X+Y)) = E(X)/(E(X) + E(Y))$

⑯　つぼの中に白球が残るという事象は $\cdots$黒白，$\cdots$黒白白，$\cdots$黒白白白などのように終わりのほうにいくつかの白がならんで取り出される（最後まで取り出したとして）という事象である．各順列が等確率なので，この取出しかたを逆順に見れば，はじめに取り出される球が白である事象と同じである．よって求める確率 $= a/(a+b)$

⑰　$0 < x < y < 1$ として，$P(X_{(3)} \in dx, X_{(4)} \in dy) = \dfrac{4!}{2!} F_X(x)^2 f_X(x) f_Y(y) dx\,dy = 12x^2$ $(0 < x < y < 1)$　∴ $P(X_{(3)} + X_{(4)} < 1) = \iint_{0 < x < y < 1, x+y < 1} 12x^2 dx\,dy = 12\int_0^{1/2} x^2 \int_x^{1-x} dy =$
$12\int_0^{1/2} x^2(1-2x)dx = 1/8$

⑱　$N(0, 1)^2$ の分布 $= \chi_1^2 = \Gamma\left(\dfrac{1}{2}, \dfrac{1}{2}\right)$ よって，ガンマ分布の再生性より，W の分布 $= \chi_4^2 =$

$\Gamma\left(\dfrac{4}{2}, \dfrac{1}{2}\right)$ $\therefore$ $f_W(x) = \dfrac{1}{2^2 \Gamma(2)} x^{2-1} e^{-x/2} = (1/4) x e^{-x/2}$ $(x>0)$, $E(W) = E(\Gamma(2, 2)) = 2 \cdot 2 = 4$, $V(\Gamma(2, 2)) = 2^2 2 = 8$

⑲ (1) $p_k = \dfrac{\dbinom{m}{k}\dbinom{M-m}{n-k}}{\dbinom{M}{n}}$

(2) $P(X=k) = p_k$、くじ引きの公平性より $P(X_i=1) = P(X_1=1) = \dfrac{m}{M}$, $P(X_i=1 \text{ かつ } X_j=1)$
$= P(X_1=1 \text{ かつ } X_2=1) = (m/M)((m-1)/(M-1))$
$E(X) = E(X_1) + \cdots + E(X_n) = mn/M$, $E(X^2) = E[(X_1+\cdots+X_n)^2] = E[X_1^2+\cdots+X_n^2$
$+ 2(X_1X_2+\cdots+X_{n-1}X_n)] = nE(X_1) + n(n-1)E(X_1X_2) = \dfrac{mn}{M} + \dfrac{n(n-1)m(m-1)}{M(M-1)}$
$V(X) = E(X^2) - \{E(X)\}^2 = \dfrac{mn}{M} + \dfrac{n(n-1)m(m-1)}{M(M-1)} - \left(\dfrac{mn}{M}\right)^2 = \dfrac{mn(M-m)(M-n)}{M^2(M-1)}$

⑳ $P(N>k) = P(A_1, A_2, \cdots A_k \text{ はすべて起こらない}) = P(A_1^c)P(A_2^c)\cdots P(A_k^c) = \dfrac{1}{k!}$ つまり, $P(N=k) = P(N>k-1) - P(N>k) = \dfrac{1}{(k-1)!} - \dfrac{1}{k!}$, $g_N(t) = \sum\limits_{k=1}^{\infty} t^k \left(\dfrac{1}{(k-1)!} - \dfrac{1}{k!}\right) = te^t$
$-(e^t-1) = 1 + (t-1)e^t$, $g_N'(t) = e^t + (t-1)e^t$, $E(N) = g_N'(1) = e$

㉑ $P(n, 2) = P(\text{NB}(n, \dfrac{1}{2}) \leqq 2) = \dfrac{1}{2^n} + \dfrac{n}{2^{n+1}} + \dfrac{n(n+1)}{2^{n+3}} = \dfrac{n^2+5n+8}{2^{n+3}}$

㉒ 確率変数 X の分布 $= (-1, 1)$ 上の一様分布 $= U(-1, 1)$, Y の分布 $= U(0, \pi)$, X, Y は独立とする. $P(X, 0)$, $Q(\cos Y, \sin Y)$ とおけるので, $\overline{PQ}^2 = (X-\cos Y)^2 + \sin^2 Y = X^2 - 2X\cos Y + 1$, ゆえに, $E(\overline{PQ}^2) = E(X^2 - 2X\cos Y + 1) = E(X^2) - 2E(X)E(\cos Y) + 1 = 1/3 + 0 + 1 = 4/3$
$\triangle APQ = (1/2)(1-X)\sin Y$ $\therefore$ $E(\triangle APQ) = (1/2)E(1-X)E(\sin Y) = (1/2)(1-E(X))(1/\pi)\int_0^\pi \sin y\, dy = 1/\pi$

㉓ P, Q の位置関係の対称性より, $P(1, 0)$, $Q(\cos\theta, \sin\theta)$, θ の分布 $= U(0, 2\pi)$ としてよい. $\therefore$ $E(\overline{PQ}^2) = E[(1-\cos\theta)^2 + \sin^2\theta] = 2 - 2E(\cos\theta) = 2$
$E(\overline{PQ}) = E(\sqrt{2-2\cos\theta}) = \dfrac{1}{2\pi}\int_0^{2\pi} \sqrt{2}\sqrt{2\sin^2(\theta/2)}\,d\theta = \dfrac{1}{\pi}\int_0^\pi |\sin u|\, 2\,du = \dfrac{4}{\pi}$

数表 標準正規分布

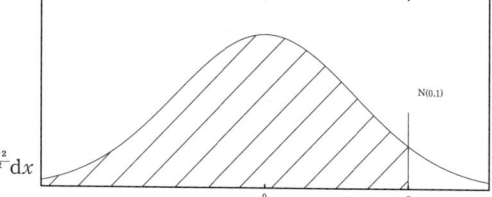

$$\Phi(z) = P(Z \leq z) = \int_{-\infty}^{z} \frac{1}{\sqrt{2\pi}} e^{-\frac{x^2}{2}} dx$$

z	0.00	0.01	0.02	0.03	0.04	0.05	0.06	0.07	0.08	0.09
0.0	0.5000	0.5040	0.5080	0.5120	0.5160	0.5199	0.5239	0.5279	0.5319	0.5359
0.1	0.5398	0.5438	0.5478	0.5517	0.5557	0.5596	0.5636	0.5675	0.5714	0.5753
0.2	0.5793	0.5832	0.5871	0.5910	0.5948	0.5987	0.6026	0.6064	0.6103	0.6141
0.3	0.6179	0.6217	0.6255	0.6293	0.6331	0.6368	0.6406	0.6443	0.6480	0.6517
0.4	0.6554	0.6591	0.6628	0.6664	0.6700	0.6736	0.6772	0.6808	0.6844	0.6879
0.5	0.6915	0.6950	0.6985	0.7019	0.7054	0.7088	0.7123	0.7157	0.7190	0.7224
0.6	0.7257	0.7291	0.7324	0.7357	0.7389	0.7422	0.7454	0.7486	0.7517	0.7549
0.7	0.7580	0.7611	0.7642	0.7673	0.7704	0.7734	0.7764	0.7794	0.7823	0.7852
0.8	0.7881	0.7910	0.7939	0.7967	0.7995	0.8023	0.8051	0.8078	0.8106	0.8133
0.9	0.8159	0.8186	0.8212	0.8238	0.8264	0.8289	0.8315	0.8340	0.8365	0.8389
1.0	0.8413	0.8438	0.8461	0.8485	0.8508	0.8531	0.8554	0.8577	0.8599	0.8621
1.1	0.8643	0.8665	0.8686	0.8708	0.8729	0.8749	0.8770	0.8790	0.8810	0.8830
1.2	0.8849	0.8869	0.8888	0.8907	0.8925	0.8944	0.8962	0.8980	0.8997	0.9015
1.3	0.9032	0.9049	0.9066	0.9082	0.9099	0.9115	0.9131	0.9147	0.9162	0.9177
1.4	0.9192	0.9207	0.9222	0.9236	0.9251	0.9265	0.9279	0.9292	0.9306	0.9319
1.5	0.9332	0.9345	0.9357	0.9370	0.9382	0.9394	0.9406	0.9418	0.9429	0.9441
1.6	0.9452	0.9463	0.9474	0.9484	0.9495	0.9505	0.9515	0.9525	0.9535	0.9545
1.7	0.9554	0.9564	0.9573	0.9582	0.9591	0.9599	0.9608	0.9616	0.9625	0.9633
1.8	0.9641	0.9649	0.9656	0.9664	0.9671	0.9678	0.9686	0.9693	0.9699	0.9706
1.9	0.9713	0.9719	0.9726	0.9732	0.9738	0.9744	0.9750	0.9756	0.9761	0.9767
2.0	0.9772	0.9778	0.9783	0.9788	0.9793	0.9798	0.9803	0.9808	0.9812	0.9817
2.1	0.9821	0.9826	0.9830	0.9834	0.9838	0.9842	0.9846	0.9850	0.9854	0.9857
2.2	0.9861	0.9864	0.9868	0.9871	0.9875	0.9878	0.9881	0.9884	0.9887	0.9890
2.3	0.9893	0.9896	0.9898	0.9901	0.9904	0.9906	0.9909	0.9911	0.9913	0.9916
2.4	0.9918	0.9920	0.9922	0.9925	0.9927	0.9929	0.9931	0.9932	0.9934	0.9936
2.5	0.9938	0.9940	0.9941	0.9943	0.9945	0.9946	0.9948	0.9949	0.9951	0.9952
2.6	0.9953	0.9955	0.9956	0.9957	0.9959	0.9960	0.9961	0.9962	0.9963	0.9964
2.7	0.9965	0.9966	0.9967	0.9968	0.9969	0.9970	0.9971	0.9972	0.9973	0.9974
2.8	0.9974	0.9975	0.9976	0.9977	0.9977	0.9978	0.9979	0.9979	0.9980	0.9981
2.9	0.9981	0.9982	0.9982	0.9983	0.9984	0.9984	0.9985	0.9985	0.9986	0.9986

索 引

記号・数字・欧文

2 項分布　27
2 次元正規分布　115
2 次元連続確率変数　81
$B(n, p)$　27
$Be(p)$　27
Cov　21
E　13, 44
$Exp(\lambda)$　63
First Success 分布　31
F_{mn}　104
$Fs(p)$　31
F 分布　104
$Ge(p)$　31
$I(\theta)$　150
$N(0, 1)$　67
$N(x)$　68
$N(\mu, \sigma^2)$　67
$NB(n, p)$　32
$Po(\lambda)$　37
t_n　104
t 分布　104
$U(a, b)$　57
V　14, 44
$\beta(a, b)$　74
$B(s, t)$　73
$\Gamma(p, a)$　73
$\Gamma(s)$　73
ρ　21
$\Phi(x)$　67
χ_n^2　74

あ行

イェンセンの不等式　129
一様分布　57

か行

カイ 2 乗分布　70, 74, 100
確率　1
確率分布　7
確率変数　7
確率母関数　107

確率密度関数　43
ガンマ関数　73
ガンマ分布　74
幾何分布　31
期待値　13, 44
期待値の線形性　13
共分散　21
クラメール・ラオの不等式　150
コーシー・シュワルツの不等式　129
コーシー分布　105

さ行

再生性　28, 68, 74, 109, 127, 128
最尤推定量　149
事象　1
指数分布　63
自由度 n のカイ 2 乗分布　74
周辺分布　8
周辺密度関数　82
順序統計量　117
条件つき確率　1
条件つき期待値　135
条件つき密度関数　136
推定量　149
正規分布　67
積事象　1
積率母関数　107
相関係数　21

た行

対数正規分布　99
大数の法則　123
多項分布　116
多次元確率変数　81
多次元正規分布　115
チェビシェフの不等式　129
中心極限定理　123
統計量　149
同時確率密度関数　81
同時分布　8
同時密度関数　81
独立　1, 8
独立性　44, 82

な行

2 項分布　27
2 次元正規分布　115

は行

排反　1
標準化　19, 68
標準正規分布　67
標準偏差　14
標本空間　1
標本平均　149
ファーストサクセス分布　31
フィッシャー情報量　150
負の 2 項分布　32
不偏推定量　149
不偏標本分散　149
分散　13, 44
分散共分散行列　115
分布　7
分布関数　45
ベータ関数　73
ベータ分布　74
ベルヌーイ分布　27
ポアソンの少数の法則　37
ポアソン分布　37

ま行

密度関数　43
無記憶性　64
モーメント母関数　107

や・ら・わ行

有効推定量　150
尤度関数　149
余事象　1
離散確率変数　43
累積分布関数　45
連続確率変数　43
ρ　21
和事象　1

著者紹介

藤田岳彦（ふじた たかひこ）　理学博士
　　1978年　京都大学理学部卒業
　　1980年　京都大学大学院理学研究科修士課程修了
　　現　在　中央大学理工学部教授

高岡浩一郎（たかおかこういちろう）　博士（数理科学）
　　1993年　東京大学理学部卒業
　　1995年　東京大学大学院数理科学研究科修士課程修了
　　現　在　中央大学商学部教授

NDC417　174p　26cm

穴埋め式　確率・統計　らくらくワークブック
2003年10月20日　第1刷発行
2021年 8月 3日　第13刷発行

著　者　藤田岳彦（ふじたたかひこ）・高岡浩一郎（たかおかこういちろう）
発行者　髙橋明男
発行所　株式会社　講談社
　　　　〒112-8001　東京都文京区音羽2-12-21
　　　　　　販売　(03)5395-4415
　　　　　　業務　(03)5395-3615
編　集　株式会社　講談社サイエンティフィク
　　　　代表　堀越俊一
　　　　〒162-0825　東京都新宿区神楽坂2-14　ノービィビル
　　　　　　編集　(03)3235-3701
印刷所　株式会社廣済堂
製本所　株式会社国宝社

落丁本・乱丁本は，購入書店名を明記のうえ，講談社業務宛にお送りください．送料小社負担にてお取り替えします．
なお，この本の内容についてのお問い合わせは講談社サイエンティフィク宛にお願いいたします．
定価はカバーに表示してあります．

© T. Fujita and K. Takaoka, 2003

本書のコピー，スキャン，デジタル化等の無断複製は著作権法上での例外を除き禁じられています．本書を代行業者等の第三者に依頼してスキャンやデジタル化することはたとえ個人や家庭内の利用でも著作権法違反です．

JCOPY　<(社)出版者著作権管理機構委託出版物>
複写される場合は，その都度事前に（社）出版者著作権管理機構（電話 03-5244-5088, FAX 03-5244-5089, e-mail : info@jcopy.or.jp）の許諾を得てください．
Printed in Japan
ISBN4-06-153994-9

講談社の自然科学書

穴埋め式 らくらくワークブックシリーズ

穴埋め式 微分積分 らくらくワークブック
藤田 岳彦／石村 直之・著
B5・174頁・本体2,090円

穴埋め式 線形代数 らくらくワークブック
藤田 岳彦／石井 昌宏・著
B5・174頁・本体2,090円

穴埋め式 確率・統計 らくらくワークブック
藤田 岳彦／高岡 浩一郎・著
B5・174頁・本体2,090円

穴埋め式 統計数理 らくらくワークブック
藤田 岳彦・監修　黒住 英司・著
B5・174頁・本体2,090円

実践のための基礎統計学
下川 敏雄・著
A5・239頁・本体2,860円

知識ゼロからはじめるデータサイエンス。豊富な図や演習で、理解が深まり、個々の問題に適用するための基礎を身につけることができる。統計検定2級、3級受験者にも好適。実践志向のやさしい統計本。

新しい微積分＜上＞
長岡 亮介／渡辺 浩／矢崎 成俊／宮部 賢志・著
A5・255頁・本体2,420円

これまでにない章構成で、最短で「微積分の核心」にせまる。独習用としても、講義テキストとしても成り立つ新しいタイプの教科書。上巻では、べき級数、テイラー展開、1変数関数の積分、曲線、微分方程式を扱う。

新しい微積分＜下＞
長岡 亮介／渡辺 浩／矢崎 成俊／宮部 賢志・著
A5・283頁・本体2,640円

2変数関数の微積分、ベクトル場の微積分、偏微分方程式を扱い、最後に理論的側面を解説。理論的側面については、素朴な発想からステップバイステップで意味がつかめるように工夫した。現代数学への確かな1歩を踏み出そう！

予測にいかす統計モデリングの基本
ベイズ統計入門から応用まで
樋口 知之・著　A5・156頁・本体3,080円

ベイズの基礎から自力でのモデル構築まで。データの見方や考え方から述べられた本当にほしかった入門書。マニュアル本や事例集では自分の仕事にいかせなかった人必読。動的モデルで実際に予測をしてみよう。

単位が取れる マクロ経済学ノート
石川 秀樹・著　A5・142頁・本体2,090円

単位が心配…という学生さんをお助けします。公務員試験対策本「経済学入門塾」で有名な人気講師・石川秀樹先生がマクロ経済学をマスターする秘訣を伝授。満足度300％の最高・最強の入門書登場！

単位が取れる ミクロ経済学ノート
石川 秀樹・著　A5・150頁・本体2,090円

単位がやばい…という学生必携の1冊!!「経済学入門塾」で有名な人気講師・石川秀樹先生がやさしく丁寧に解説。試験のポイントもがっつり伝授。日常の数字で解説するから、数字が苦手でも安心！

入門 共分散構造分析の実際
朝野 熙彦／鈴木 督久／小島 隆矢・著
A5・174頁・本体3,080円

理論より使い方で学ぶ注目の多変量解析手法。先輩ユーザーとして入門者の必要を理解している著者らによる実践入門書。コンピュータのアウトプットの意味がわかる賢いユーザーを目指そう！数学が苦手でも大丈夫。

はじめての統計15講
小寺 平治・著　A5・134頁・本体2,200円

高1レベルの数学知識を前提として、Σを使わないなど、レベルに配慮し、内容を15節にわけ、授業で使いやすいよう工夫した。最新の統計データを用いながら具体的に学ぶ、初級者向け教科書。

※表示価格には消費税(10%)が加算されています。

「2021年7月現在」

講談社サイエンティフィク　https://www.kspub.co.jp/